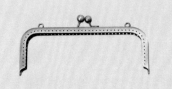

\好有型/

口金包製作研究書

一次典藏 36 款人氣魅力口金包

手縫式・塞入式・簧片式
支架口金・鋁框口金・手挽口金……etc.

越膳夕香◎著

Part 1

接黏黏著劑＆紙繩の
塞入式口金

Part 2

以螺絲‧固定釦‧縫線
進行固定の口金

Part **3**

穿通袋口の口金

※P.6至P.42作品編號下方的數字代表使用口金的橫寬尺寸。

Part 1

接黏黏著劑＆紙繩の
塞入式口金

右頁收錄的款式即為Part1作品使用的口金。

一聽到「口金」，或許你首先會想到的是正統的基本款。

但如右所見，口金有各式各樣的大小＆造型。

就素材而言，普遍多為金屬材質，

也有塑膠製（12）＆裝接了木珠（05‧10）的款式。

另有溝槽形狀稍微不同的圓溝款（13‧14）、

板狀珠釦的簡約款（04），

和親子口金（08）、立體駁腳口金（36）等稍有不同的變化款，

也有許多款式附有可以鉤掛提把的掛耳。

但此單元中不論哪種口金都有一個共同點——

都是將溝槽塗上黏著劑後塞入袋口，

再在溝槽內裡塞入進紙繩進行固定。

塞入口金的部分，或許最初會感覺困難，

但熟練後一定能得心應手。

若依框架的形狀進行區分，有在兩肩處呈轉角狀的直線方形（01‧09等），

和沒有轉角的拱形（02‧16等）＆圓弧形（03‧13等）的款式，

但概括而言，方形款比較適合練習。

首先試著從小口金開始作作看吧！

4

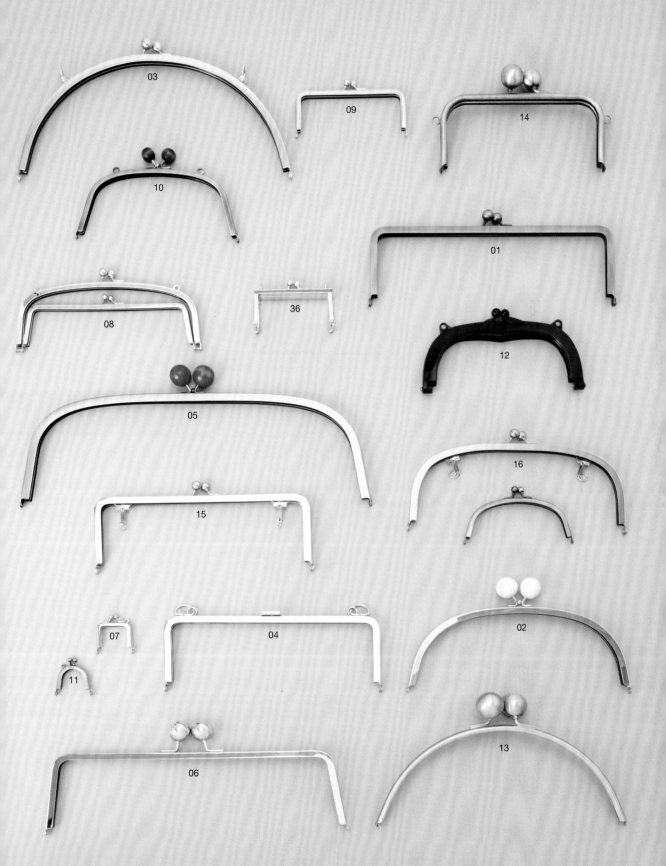

01

W : 27.2cm

方形口金
自外口袋吊掛提把の横長側幅包

how to make: P.52

02

W：24cm

大理石大珠頭口金
附有側口袋の側幅包

how to make: P.53

03

W：30cm

附有活動式掛耳的大拱形口金
鉤接布提把的小判袋底包

Lesson: P.44

04

W：24cm

附有 D 型環の板型釦頭口金
打褶提包

how to make: P.56

05

W：39cm

大尺寸木珠口金
袋底打褶扁包

how to make: P.54

06・07

06=W：35cm、 07=W：4cm

大圓珠梯形口金
以布環掛接提把の扁包＋小口金吊飾

06=how to make: P.57／07=how to make: P.60

08

W：20.4cm

附加卡片夾層・2way親子口金錢包

how to make: P.58

09

W：12cm

**問號鉤吊掛式
方框口金縱長形腰包**

how to make: P.59

10・11

10=W：18cm、 11=W：3.7cm

木珠口金
船形底側幅包＋小口金口紅袋

10=how to make: P.61／11=how to make: P.60

12

W：18cm

**懷舊玳瑁色塑膠口金
抓皺包**

how to make: P.69

13

W：28cm

**圓溝大珠頭口金
下摺式斜背蛙口包**

how to make: P.66

14

W：18cm

大珠頭圓溝口金の横側幅抓皺包

how to make: P.62

15

W：24cm

雙口金口袋の兩用包

how to make: P.64

16

W：24cm・l2cm

接縫大小口金包の兩用後背包

how to make: P.63

Part 2

以螺絲・固定釦・縫線進行固定の口金

在Part2登場的是將口金溝槽塞入袋口後，

以螺絲＆固定釦固定，或以線接縫的款式。

大理石花紋的壓克力口金（17・18）＆自然風木製口金（19・20）

在框架內側有幾處開孔，

是在開孔中插入小螺絲後以十字起子鎖緊固定，

並以框架內側的磁釦控制袋口的開合。

而以固定釦固定的款式（21・22）為金屬材質。

需在框架外側的開孔中打入固定釦。

但不論是以螺絲或固定釦進行固定的口金，

就口金的構造而言，寬度皆既寬且具有分量感。

使用這類口金製作包包時，推薦使用織目細密且結實的布料。

除此之外，以線接縫的口金（23・24），

也常用於珠繡包等鉤織的作品。

而與布質的袋身進行接縫時，由於是一針一針地作回針縫，

所以適合容易穿針的柔軟布料。

充滿個性的口金，也要搭配相應的特別布料喔！

17

W：27cm

壓克力口金
三角船形底側幅の鏈條側背包

how to make: P.68

18

W：21cm

壓克力口金
接連皮革提把の抓皺手提包

how to make: P.70

19

W：22.5cm

木框口金
接縫皮革提把の底側幅手提包

how to make: P.69

20

W：31cm

木框口金
簡單款橫長手拿包

how to make: P.71

21

W：24cm

固定釦口金の斜背包

how to make: P.72

22

W：36cm

固定釦口金の手拿包

how to make: P.71

23

W：21cm

以珠珠加強固定の手縫口金肩背包

how to make: P.73

24

W：15cm

鉤接鍊條の手縫口金宴會包

how to make: P.78

Part 3

穿通袋口の口金

Part3集合了多種穿過袋口的口金，
其中以簧片口金（33至35）的作法最為簡單，
由於是直線造型，也很容易就能想像出完成的尺寸吧！
在簧片口金邊端附有插銷的款式（33‧34），
則能夠簡便地鉤拆鍊條或皮革吊帶。
至於支架口金（28至30）＆鋁框口金（25至27），
特色在於袋口能夠「咔」地大大敞開。
雖然使用這兩種口金製作的包型稍微會有點類似，
但相對於支架口金需要加裝拉鍊等其他的固定五金，
鋁框口金只需裝接完成就可以控制袋口開合，
依形狀區分也有拱形（25‧26）＆半弧形（27）等款式。
手挽口金（31‧32）則是有釦頭能「啪」地開關。
乍看之下，或許會聯想到Part1的口金，
但手挽口金僅需橫穿支架後以螺絲鎖緊即可，
也有方形（31）＆山形（32）等款式可供選擇。
穿入式的口金因為不需要特別的道具，請輕鬆地製作吧！

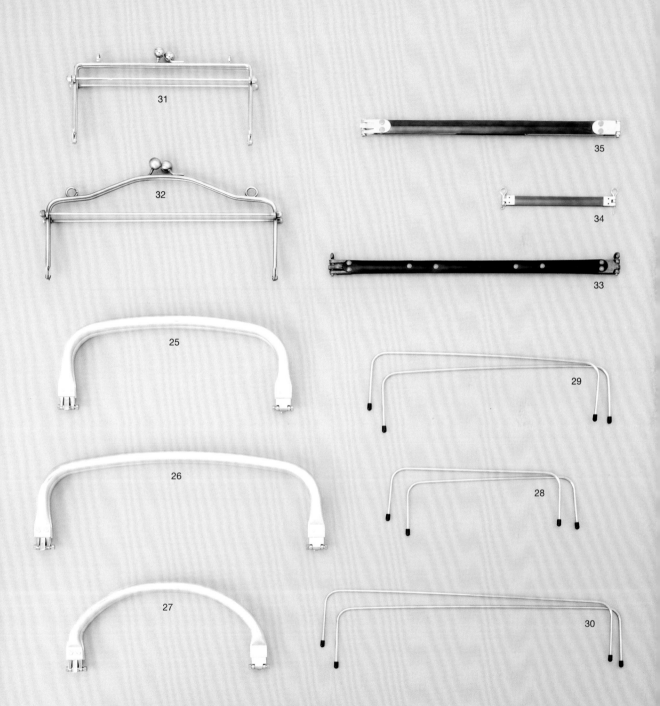

25

W：24cm

以鋁框口金為提把の横長提包

how to make: P.74

26

W：30cm

穿入鋁框口金的大波士頓包

how to make: P.76

27

W：21cm

鋁框口金
作為波奇包也OKの皮革提把迷你包

how to make: P.79

28

W：18cm

支架口金
作為拉鍊波奇包也OKの迷你肩背包

how to make: P.80

29

W：30cm

穿入支架口金の
無拉錬仿提籃手提包

how to make: P.81

30

W：24cm

一枚裁の支架口金後背包

how to make: P.82

31

W：18cm

手挽口金
微抓皺の横側幅手提包

how to make: P.83

32

W：24cm

手挽口金
滿滿抓皺の手提包

how to make: P.84

33

W：30cm

附吊環簧片口金・方形3way包

how to make: P.85

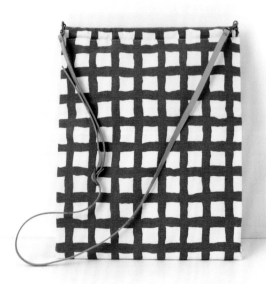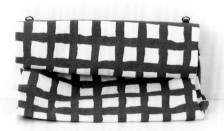

34・35

34=W：12cm、 35=W：27cm

簧片口金・大小扁包組合

how to make: P.86

回溯手提包的進化歷史，
初期的包款中使用了非常精細的口金。
本書所介紹的僅是一小部分的範例，
世界上還有許多各式各樣的口金。
請你也一起發掘美麗的口金＆搭配上喜歡的布料，
作出獨一無二的包包吧！
本書若能為你帶來小小的靈感，身為作者將會非常地高興。

36

W：8.5cm

最後再介紹一款稍微有點不同的口金。
但它其實是PARTI口金的好朋友呢！

立體駁腳口金 · 超迷你箱型提包

how to make: P.87

How to make

開始製作前，請仔細地確認材料＆製作順序。
使用口金的包包，正確地製作與口金尺寸對合的袋身是非常重要的！
製作時務必正確地進行作業步驟。

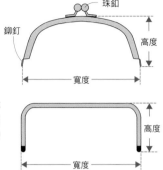

關於尺寸

・口金の尺寸

口金的尺寸以寬×高表示。本書的口金標示皆不含珠釦，因此或許會有與廠商標示不同的狀況。

・完成尺寸

完成尺寸的量測方法如下列標示。

寬（W）× 不包含提把＆珠釦的高度（H）× 側幅（D）

關於材料

・口金

材料標示的口金皆有標註各家廠商的型號、使用的顏色、尺寸、廠商名稱，若想購買同款的口金，請參照P.88各家廠商的網頁。

例：F90・N　30×14cm／ツ
　　型號　顏色　　尺寸　　廠商名稱

關於顏色の縮寫

N＝鎳白色
G＝金色
S＝銀色
AG＝古典金
ATS＝消光古銅
NS＝消光鎳白

・口金提供

※以下為口金廠牌，請對照作法說明頁材料處的片假名標示。
イ　INAZUMA（植村）　http://www.inazuma.biz/
ツ　角田商店　http://shop.towanny.com/
二　日本紐釦　http://www.nippon-chuko.co.jp

・布長

布料長度以幅寬×長表示。使用容易綻線＆需要對花的布料時，請準備比標示尺寸再略長一些的用量。

・布料提供

※以下為布料廠牌，請對照作法說明頁材料處的英文字母。

A　大塚屋　http://otsuyaya.co.jp
B　オカダヤ新宿本店　http://www.okadaya-shop.jp/1
C　川島商事　http://www.e-ktc.co.jp
D　株式會社グラムス（レ・トワール・デュ・ソレイユ）
　　http://www.grams.co.jp/
E　KOKKA　http://kokka-fabric.com/
F　高橋商店　http://takahashi-syouten.net
G　デコレクションズ　http://decollections.co.jp/
H　ノムラテーラー　http://www.nomura-tailor.co.jp/
I　fabric bird　http://www.fabricbird.com/
J　メルシー　http://www.merci-fabric.co.jp/

以不同尺寸的口金製作時

使用與材料標示不同廠商的口金時，會有即使標示尺寸相同也有微妙差異的狀況。這時請仔細確認口金＆袋口的距離！

塞入式口金

不論何種款式的口金，對合口金的幅長＆袋口的幅長是非常重要的。請務必確認從鉚釘到鉚釘的距離是否與袋口的邊長相同。

支架口金

由於穿過口金後，需要有閉合口金穿孔處的縫份，袋口需以口金幅長為基準，在左右各多加1cm進行縫製。

鋁框口金・簧片口金

以扣除兩端鉸鏈部分的口金幅長為準，與袋口的幅長相對合。穿通處的幅寬也請調整至不鬆不緊的適中狀態。

手挽口金

穿通處以棒子幅長的1至1.5倍為基準，並依布料厚度斟酌增減。

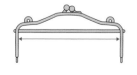

○尺寸　W34×H29×D8cm
　　（不含提把&珠釦）
○原寸紙型
　A面【3】-1袋身・2袋底
○材料
・表袋身（波浪印花的8號帆布／E）
　90×35cm
・表袋底・提把（素色8號帆布）
　20×50cm
・裡布（單寧布）　90×65cm
・單膠布襯（薄質不織布材質）
　90×85cm
・口金（F90・N　30×14cm／ツ）
・雙面固定釦　直徑7mm×2組
・紙繩　適量

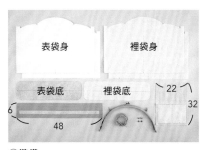

骨筆

黏著劑

塞口金鉗具

○準備
將各兩片的表・裡袋身&袋底整片燙貼上單膠布襯，內口袋&提把則在正面側的完成線內燙貼單膠布襯。

○用具
黏著劑…推薦乾燥後呈透明的類型。本書使用EVA樹脂類的水性黏著劑，サビノール600。
骨筆…將黏著劑塗抹於口金溝槽內相當方便。也可以使用竹籤代替。
塞口金鉗具…將紙繩按壓塞入口金溝槽內的鉗具。使用大拇指、錐子、一字起子也OK。

1. 製作內口袋

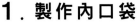

※為求示範作法清楚易懂，在此使用與欣賞作品不同的布料。

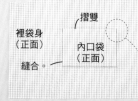

1 將內口袋正面相對對摺，預留返口後縫合。在邊角距離縫目0.2cm處，剪去45°的斜角。

2 沿著縫目，以熨斗將縫份往單膠布襯側燙摺。

3 將內口袋從返口翻回正面&整理形狀，再使貼襯面朝上，接縫於裡袋身上，並在口袋口處以回針縫加強縫合。

2. 縫製袋體

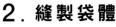

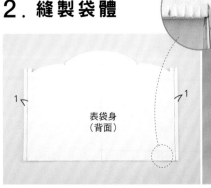

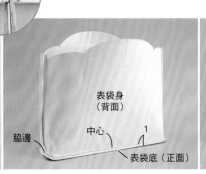

1 兩片表袋身正面相對&縫合脇邊，再在袋底側縫份上的合印記號之間，以0.5cm間隔剪出0.7cm左右的牙口。

2 攤開表袋身脇邊縫份&使表袋身和表袋底正面相對後，先固定中心&脇邊，再將表袋身底側的牙口一邊展開一邊沿著袋底弧度對齊合印記號，袋身朝上進行縫合。

3 以熨斗燙摺，使縫份倒向袋身側，再翻回正面&整理形狀。

在完成線稍微內側處進行縫合。

裡袋身（背面）

4 兩片裡袋身正面相對，縫合脇邊。只要在完成線稍微內側處進行縫合，與表袋對合時，就不會有多餘的布料，能夠作出俐落的完美袋體。

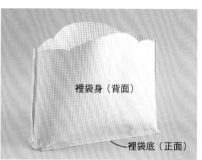

裡袋身（背面）

裡袋底（正面）

5 與表袋身作法相同，在縫份上剪牙口＆將裡袋身和裡袋底正面相對縫合，並使縫份倒向裡袋身側。

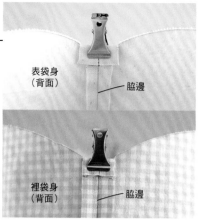

表袋身（背面）

脇邊

裡袋身（背面）

脇邊

6 將袋口的脇邊摺份塗上黏著劑＆往背面摺疊，再以夾子固定至黏著劑乾燥。

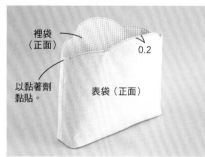

裡袋（正面）

0.2

以黏著劑黏貼。

表袋（正面）

7 表袋＆裡袋背面相對疊合，將脇邊的摺份以黏著劑互相貼合，袋口則縫合固定。

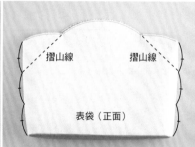

摺山線　　摺山線

表袋（正面）

8 對合口金形狀摺出摺痕。將脇邊從約三等分位置往袋口的牙口作出摺山的摺痕。

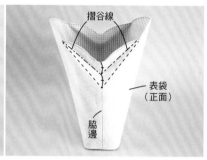

摺谷線

表袋（正面）

脇邊

9 將袋口到8的摺痕分成兩等分，以摺谷線摺出摺痕。

10 完成摺痕的狀態。

脇邊

11 使用厚布料而使袋口脇邊摺份的布料因重疊而變厚時，以平口鉗等工具夾扁壓薄即可。

Point
配合口金溝槽寬度調整紙繩

由於口金溝槽有各種寬度＆深度，請在塗上黏著劑前確認袋體的厚度＆紙繩粗細是否合適。如果能輕鬆放入，可重疊兩條紙繩加粗後再塞入。如果塞入紙繩時略有困難，則將紙繩撕開變細來調整。

3．塞入口金

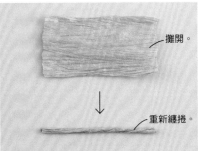
攤開。
重新纏捲。

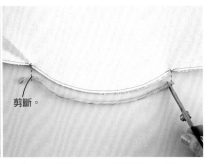
剪斷。

1 配合袋口長度準備紙繩。中央部分使用2條長繩，兩脇邊使用4條短繩。

2 請將紙繩鬆開再重新纏捲。適當的鬆度除了較容易貼合口金溝槽，紙繩也更容易沾附黏著劑。

3 重新纏捲紙繩後會稍微變長，請再次對合袋口長度，剪去多餘的部分。

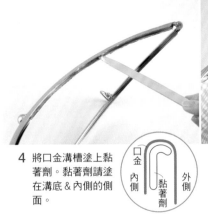
口金內側
外側
黏著劑

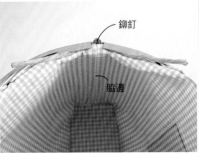
鉚釘
脇邊

4 將口金溝槽塗上黏著劑。黏著劑請塗在溝底＆內側的側面。

5 使脇邊和鉚釘中心對合，將布邊確實地塞入溝底。在鉚釘脇邊端按入紙繩尾端暫時固定。

6 另一側也以同樣作法塞入布邊＆以紙繩固定。此時不要將紙繩全部塞入，僅先作四點固定。

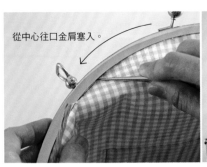
從中心往口金肩塞入。

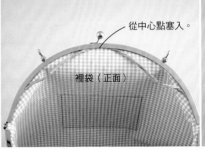
從中心點塞入。
裡袋（正面）

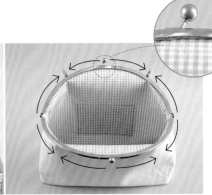

7 對合袋口中心＆口金中心，塞入布邊，並以錐子一邊整理一邊往口金肩部塞入全部的布邊。

8 對合口金＆紙繩中心，塞入紙繩固定袋口中心。

9 分別從中心往口金肩部＆脇邊往口金肩部塞入紙繩。紙繩不要塞到最底，固定在接近口金邊緣位置。
口金
紙繩
表袋
裡袋

Point
如果擔心脫落可追加紙繩

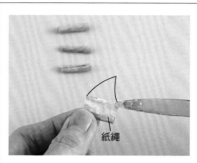

紙繩

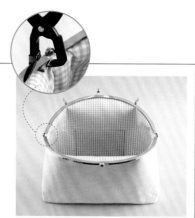

10 紙繩稍微外露的部分，以大拇指指甲＆塞口金鉗具或一字起子等工具來調整。

若擔心脇邊脫落，特別推薦接下來的作法喔！準備四條剪成2cm左右的紙繩，鬆開後重新纏捲，再將兩端剪齊＆沾上黏著劑。

在鉚釘的脇邊處塞入紙繩。此作法比起將口金內側鉚釘脇邊的角角夾扁，除了能完成更加漂亮的包包，鬆脫時也方便修理。

4. 製作＆裝接提把

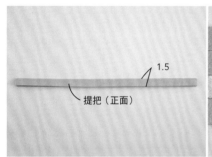

1.5

提把（正面）

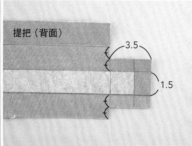

提把（背面）

3.5

1.5

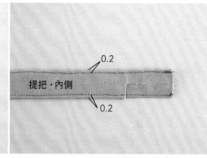

0.2

提把・內側

0.2

1 將提把布摺四褶，以熨斗燙壓出摺痕。

2 攤開提把布，兩端如圖所示進行裁剪。

3 重新摺疊＆進行車縫。

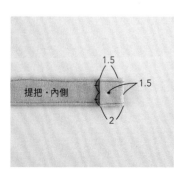

1.5

1.5

提把・內側

2

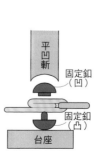

平凹斬

固定釦（凹）

固定釦（凸）

台座

4 將兩端依1.5cm、2cm摺三褶，並在打釦的位置以錐子或打孔器預先開孔。

5 將口金釦環穿過提把，打上固定釦。

完成！

Point Lesson 1

圓溝口金

Photo: P.16・P.17

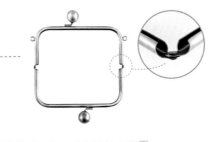

1　組合袋體。

2　將溝槽整體塗滿黏著劑。脇邊對合鉚釘中心，將袋口縫份以錐子或一字起子塞摺進去。再從鉚釘的脇邊處開始塞入紙繩固定。

3　對合中心塞入袋口，再以塞口金鉗具塞入紙繩。如果擔心脇邊鬆脫可追加紙繩加強固定（參照P.47）。

Point Lesson 2

以固定釦固定の口金

Photo: P.26・P.27

凹　凸
單面固定釦

凹　凸
雙面固定釦

關於使用的固定釦

單面固定釦是僅有單面有釦頭的固定釦，雙面固定釦則是兩面皆有釦頭的固定釦。此作品雖使用單面固定釦，但使用雙面固定釦也OK。建議將內側朝上比較容易打入固定。

木槌　　平凹斬

需要的用具

準備打釦需要的用具：木槌、平凹斬、台座。

台座

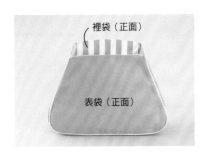

1　組合袋體

2　將袋口塞入口金溝槽，以錐子或打洞器在固定釦位置開孔。

3　以固定釦夾住口金＆袋布，再以平凹斬打上固定釦。

Point Lesson 3

以螺絲固定の口金

Photo: P.22至P.25

1　組合袋體，作出摺痕（參照P.45）。

2　對合脇邊線＆鉚釘，塞入袋口。先將鉚釘脇邊附的四個螺絲轉緊固定。

3　從口金中心往肩部，以錐子等工具將袋口布塞入口金，整理袋身。

4　鎖緊螺絲固定。

Point Lesson 4

手縫式口金

Photo: P.28・P.29

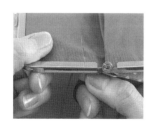

1　組合袋體。

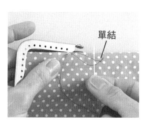

2　取2股線打單結，在口金下方遮住的部分挑一針。為了不容易鬆脫，將縫針穿過線圈後拉線。

3　從口金的第二個洞出針。

4　在第一個洞入針。

5　在內側出針。

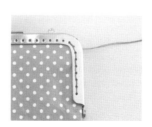

6　從第三個洞出針。

7　重複回針縫將本體接縫上口金。

8　縫至口金末端後，在內側打止縫結，再挑一針將止縫結藏在口金下後剪線。

Point Lesson 5

鋁框口金

Photo: P.32至P.34

1　組合袋體。

2　放鬆口金的螺絲,將各部件分開。

3　從袋口布的邊端穿入口金。

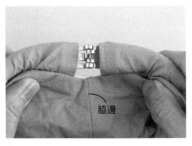

4　對合口金脇邊。

脇邊

5　塞入螺絲。先塞入長螺絲,再將短螺絲轉緊。

6　完成螺絲鎖定。另一側作法亦同。

Point Lesson 6

支架口金

Photo: P.35至P.37

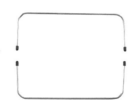

1　組合袋體。

開口

2　從脇邊開口穿入支架。

3　將袋口兩側穿入支架後,閉合兩脇邊的開口。以藏針縫縫合也OK。

縫合

Point Lesson 7

手挽口金

Photo: P.38・P.39

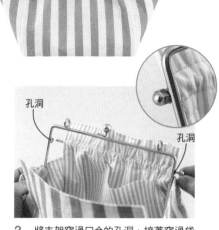

1 組合袋體。

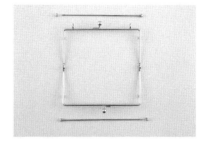

2 拆除口金支架側邊的螺絲,將各部件分開。

3 將支架穿過口金的孔洞,接著穿過袋口開口,再穿過另一側口金孔洞後將螺絲鎖緊固定不要鬆脫。

孔洞

孔洞

Point Lesson 8

簧片口金

Photo: P.40・P.41

1 組合袋體。

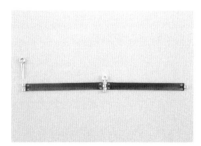

2 拆除口金單邊的固定五金。

3 從兩邊袋口布開口一起穿入口金。

4 對合口金脇邊。

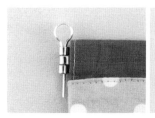

5 穿過插銷,以鉗子將插銷尾端繞成圓形。使用無圈環的簧片口金時,由於插銷粗短,只要穿入後以木槌等敲打塞入即可。

將接縫外口袋的袋身與袋底接縫後，在兩脇邊縫合側幅的橫側幅包款。皮革提把是直接接縫在袋身的外口袋口上，因此無需擔心口金脫落的問題。放入底板後，在袋底以鉚釘固定，就完成了結實耐用的袋體。

○尺寸
W40 ×H22 ×D14 cm

○原寸紙型
A面 [01]　1上袋身、2下袋身、3裡袋身　4側幅

○材料
・表布（黑底原色星星印花布／I）80×45cm
・裡布（原色×紅色相間條紋布）80×80cm
・單膠布襯（薄型不織布款）80×100cm
・口金（F87・ATS　27.2×9cm／ツ）1組
・真皮提把（KM-19・黑1.8×48cm／イ）1組
・麻繩 適量
・磁釦（直徑12mm半圓・ATS／ツ）2組
・底板固定鉚釘
　（E36・ATS 直徑12mm半圓／ツ）4組
・底板（塑膠板 1.5mm厚）39.5×9.5cm
・紙繩 適量

各部件紙型&裁布圖

▨ 範圍請在背面燙貼單膠布襯。

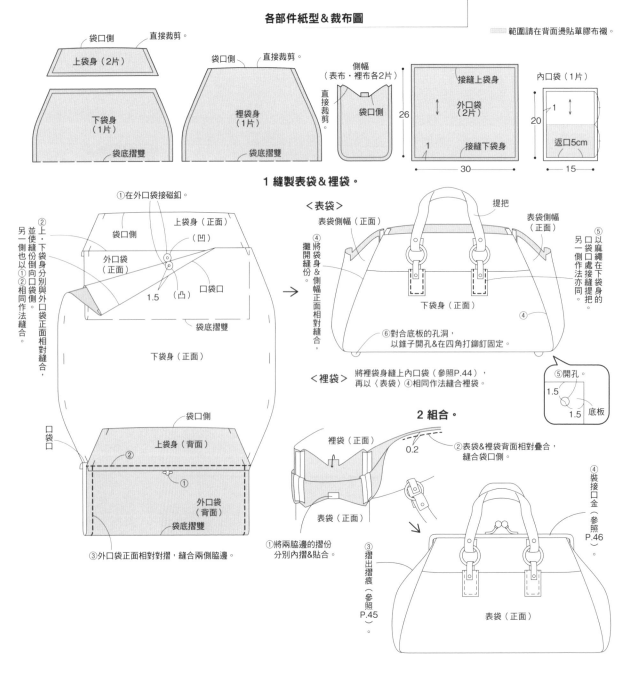

將兩片袋身與附加口袋的側幅接縫而成的設計。口金形狀則搭配布料圖案，統一呈現出圓滾滾的整體造型。口袋口附有磁釦，接縫於袋身的皮革提把長度就算是肩背也OK。

○尺寸
　W30 ×H24 ×D14 cm
○原寸紙型
　A面［02］　1袋身、2側幅

○材料
・表布（北歐風棉麻印花布／A）90×45cm
・裡布（8號帆布）90×45cm
・單膠布襯（薄型不織布款）90×90cm
・口金（24cm拱形大理石大珠・N・象牙色
　　　　24×10.5cm／ツ）
・真皮提把（BM-6519・#4卡其色
　　　　1.8×65cm／イ）1組
・麻繩　適量
・裝飾磁釦（G51／H-4611・N
　　　　直徑17mm／ツ）2組
・紙繩　適量

各部件紙型＆裁布圖

▨▨範圍請在背面燙貼單膠布襯。

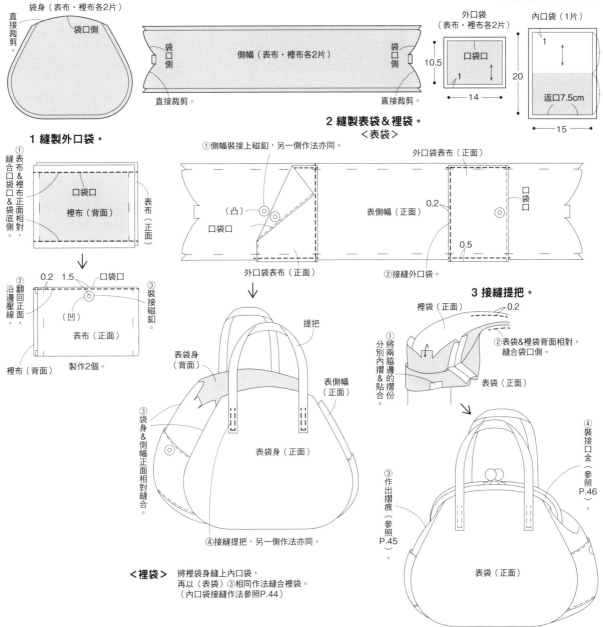

袋身（表布・裡布各2片）
直接裁剪。
袋口側

側幅（表布・裡布各2片）
袋口側　　　袋口側
直接裁剪。　　　直接裁剪。

外口袋（表布・裡布各2片）
口袋口
10.5
1
14

內口袋（1片）
1
20
返口7.5cm
15

1 縫製外口袋。

①縫合口袋口＆袋底側，表布＆裡布正面相對。
口袋口
裡布（背面）
表布（正面）

②沿邊翻回正面壓線。
0.2　1.5　口袋口
（凹）
表布（正面）
③裝接磁釦
裡布（背面）
製作2個。

2 縫製表袋＆裡袋。
＜表袋＞

①側幅裝接上磁釦，另一側作法亦同。
（凸）
口袋口
外口袋表布（正面）

外口袋表布（正面）
表側幅（正面）
0.2
0.5
②接縫外口袋。
口袋口

3 接縫提把。

裡袋（正面）
0.2
①分別將兩脇邊內摺＆貼合的摺份。
表袋（正面）
②表袋＆裡袋背面相對，縫合袋口側。

提把
表袋身（背面）
表側幅（正面）

③袋身＆側幅正面相對縫合。
④接縫提把，另一側作法亦同。

表袋身（正面）

③作出摺痕（參照P.45）。

④裝接口金（參照P.46）。

表袋（正面）

＜裡袋＞　將裡袋身縫上內口袋，
　　　　再以〈表袋〉③相同作法縫合裡袋。
　　　　（內口袋接縫作法參照P.44）

雖然使用了大尺寸的口金，但因為袋身為扁平狀，裝接口金時應該不難完成。以作出褶襉的底布覆蓋提把，呈現出吊掛狀的設計，就算放進厚重的書本也很令人安心。外口袋以與表布相同的印花布接縫於提把間，提把則可自由調整成喜歡的長度。

○尺寸
　W40 ×H32 cm
○原寸紙型
　A面［05］　1 上袋身、2 下袋身、3 裡袋身

○材料
・表布（Liberty印花 11號帆布／J） 60×50cm
・表布（vintage canvas ＃8100／C） 90×30cm
・裡布（牛津布） 70×70cm
・單膠布襯（薄型不織布款） 95×100cm
・口金（BK-3832・AG・＃10橘色
　　　　39×12.5cm／イ）
・紙繩　適量

各部件紙型＆裁布圖

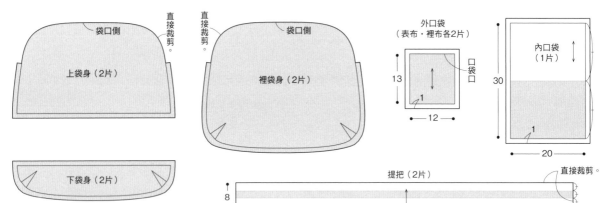

範圍請在背面燙貼單膠布襯。

袋口側　直接裁剪。

上袋身（2片）

袋口側　直接裁剪。

裡袋身（2片）

下袋身（2片）

外口袋
（表布・裡布各2片）

口袋口
13
1
12

內口袋
（1片）
30
1
20
直接裁剪。

提把（2片）
8
90
直接裁剪。

1 縫製外口袋。

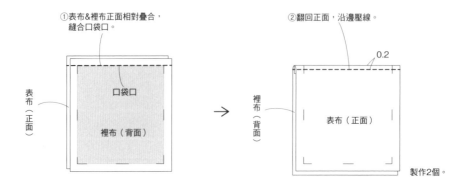

①表布＆裡布正面相對疊合，縫合口袋口。

表布（正面）

口袋口

裡布（背面）

②翻回正面，沿邊壓線。

0.2

裡布（背面）

表布（正面）

製作2個。

2 縫製提把。

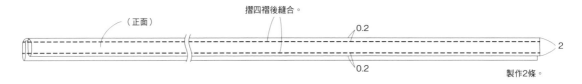

摺四褶後縫合。

（正面）

0.2

0.2

2

製作2條。

3 縫製表袋。

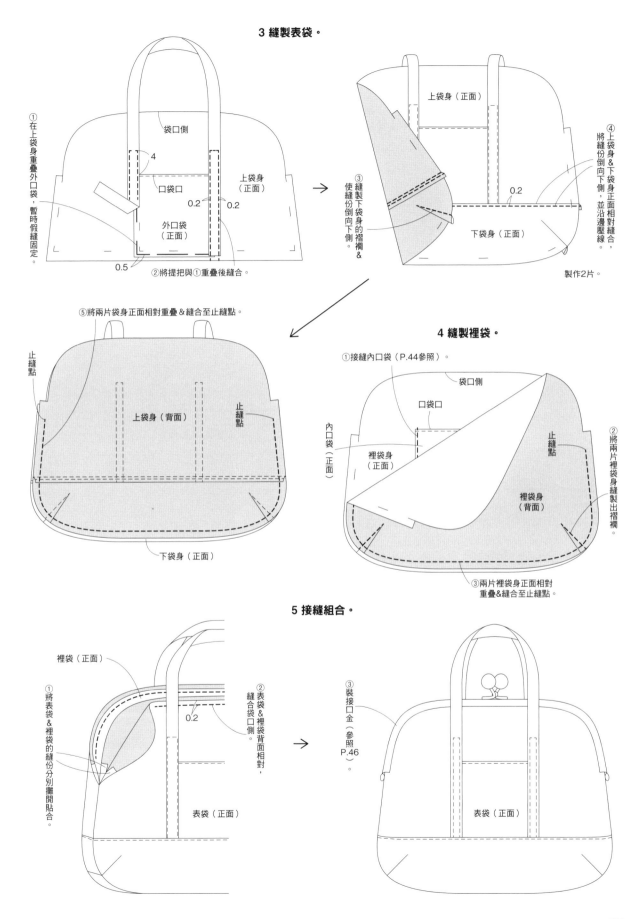

① 在上袋身重疊外口袋，暫時假縫固定。

袋口側

4

口袋口

0.2   0.2

上袋身（正面）

外口袋（正面）

0.5

② 將提把與①重疊後縫合。

③ 縫製下袋身的褶襉＆使縫份倒向下側。

上袋身（正面）

下袋身（正面）

④ 將上袋身＆下袋身正面相對縫合，將縫份倒向下側，並沿邊壓線。

0.2

製作2片。

⑤ 將兩片袋身正面相對重疊＆縫合至止縫點。

止縫點

上袋身（背面）

止縫點

下袋身（正面）

4 縫製裡袋。

① 接縫內口袋（P.44參照）。

袋口側

口袋口

內口袋（正面）

裡袋身（正面）

止縫點

裡袋身（背面）

② 將兩片裡袋身縫製出褶襉。

③ 兩片裡袋身正面相對重疊＆縫合至止縫點。

5 接縫組合。

裡袋（正面）

① 將表袋＆裡袋的縫份分別攤開貼合。

② 表袋＆裡袋背面相對，縫合袋口側。

0.2

表袋（正面）

③ 裝接口金（參照P.46）。

表袋（正面）

在拼接線下方配合格子花樣打褶，作成下襬往外伸展的袋型。依用布的花樣不同，也可以將打褶改成抽皺褶。當提把需穿過口金掛耳再車縫固定時，若裝接口金後再接縫會很麻煩，因此請先將提把接上。

○尺寸
　W 4 7 × H 2 7 × D 7 cm
○原寸紙型
　A面［04］　1 口布

○材料
・表布（原色×水藍色的格子棉質印花布／A）
　80×80cm
・裡布（橘色平織布）　60×70cm
・單膠布襯（薄型不織布款）　95×80cm
・附有D型環的口金（F44・N　24×9cm／ツ）
・紙繩　適量

各部件紙型&裁布圖

███ 範圍請在背面燙貼單膠布襯。

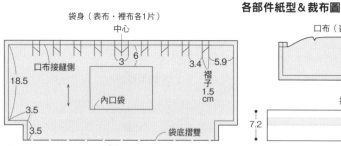

袋身（表布・裡布各1片）
中心
口布接縫側
3　6
3.4　5.9
褶子 1.5 cm
44
18.5
3.5
3.5
內口袋
袋底摺雙
54

口布（表布・裡布各2片）
袋口側
直接裁剪

提把（1片）
直接裁剪
1.8
7.2
45

內口袋（1片）
1
20
返口5cm
15

1 縫製表袋&裡袋。

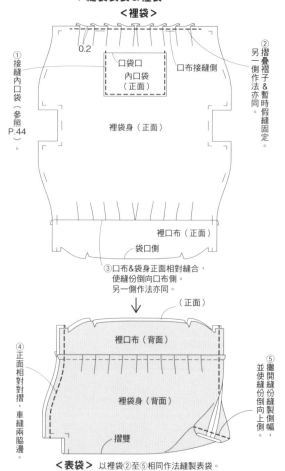

＜裡袋＞
0.2
①接縫內口袋（參照P.44）
口袋口
內口袋（正面）
口布接縫側
②摺疊褶子&暫時假縫固定。另一側作法亦同。
裡袋身（正面）
裡口布（正面）
袋口側
③口布&袋身正面相對縫合，使縫份倒向口布側。另一側作法亦同。

裡口布（背面）
④正面相對對摺，車縫兩脇邊。
裡袋身（背面）
⑤攤開縫份縫製側縫製幅，並使縫份倒向上側。
摺雙
＜表袋＞以裡袋②至⑤相同作法縫製表袋。

2 整理口布。

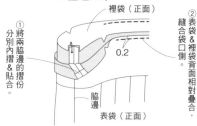

裡袋（正面）
①將兩脇邊的摺份分別內摺&貼合。
脇邊
表袋（正面）
②縫合袋口側。
表袋&裡袋背面相對疊合，
0.2

3 縫製提把&完成提包。

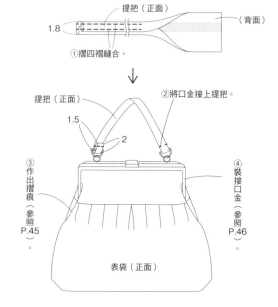

提把（正面）
（背面）
1.8
①摺四褶縫合。

提把（正面）
②將口金接上提把。
1.5
2
③作出摺痕（參照P.45）。
④裝接口金（參照P.46）。
表袋（正面）

大圓珠梯形口金・以布環掛接提把の扁包   Photo: P.11

拆下提把＆對摺袋身，當作手拿包使用也ok！由於是將附鉤的皮質提把鉤在袋身的布環上，因此可以簡單地自由拆裝。在此以沉穩質感的迷彩印花立陶宛亞麻進行製作。

○材料
・表布（立陶宛亞麻・迷彩印花布／Ｉ）
　110×40cm
・裡布（原色底點點印花布）75×75cm
・單膠布襯（薄型不織布款）100×90cm
・口金（BK-3502・S　35×10cm／イ）
・真皮提把（BM-4305S・#25焦茶色
　　　　　　1×42cm／イ）1組
・紙繩　適量

○尺寸
　W45 ×H45 ×D4 cm
○原寸紙型
　A面［06］　1袋身

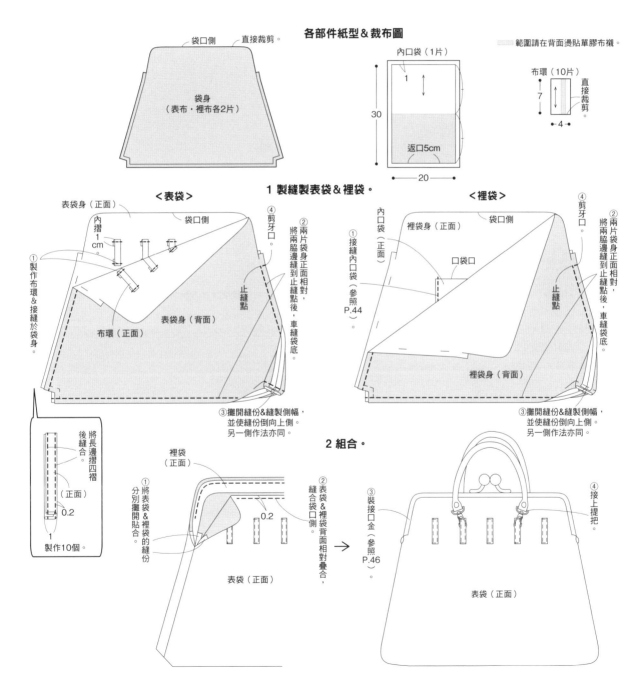

各部件紙型＆裁布圖

袋口側　直接裁剪。

袋身（表布・裡布各2片）

內口袋（1片）

1

30

返口5cm

20

布環（10片）

直接裁剪

7

4

範圍請在背面燙貼單膠布襯。

1 製縫製表袋＆裡袋。

＜表袋＞
表袋身（正面）
內摺1cm
袋口側
剪牙口
①製作布環＆接縫於袋身。
布環（正面）
表袋身（背面）
止縫點
②將兩片袋身正面相對，將兩脇邊縫到止縫點後，車縫袋底。
③攤開縫份＆縫製側幅，並使縫份倒向上側。另一側作法亦同。

＜裡袋＞
裡袋身（正面）
內口袋（正面）
袋口側
剪牙口
①接縫內口袋（參照P.44）
口袋口
止縫點
裡袋身（背面）
②將兩片袋身正面相對，將兩脇邊縫到止縫點後，車縫袋底。
③攤開縫份＆縫製側幅，並使縫份倒向上側。另一側作法亦同。

將長邊摺四褶後縫合
（正面）
0.2
1
製作10個。

2 組合。

裡袋（正面）
①將表袋＆裡袋的縫份分別攤開貼合
②縫合袋口側。
0.2
表袋（正面）

③裝接口金（參照P.46）
④接上提把。
表袋（正面）

打開後內裡還有一個口金的親子口金錢包。由於包型扁薄，也相當推薦旅行時攜帶使用。紙鈔無需摺疊即可平整地收妥，分隔層的內口袋則可放入兩張卡片。請從各種色彩的印花布中挑選喜歡的部分混搭使用。

○材料
・表布（條文花樣的棉麻印花布）25×50cm
・裡布（亞麻素色布）25×60cm
・單膠布襯（薄型不織布款）50×55cm
・口金（F74・N　20.9×7.8cm／ツ）
・真皮背帶（BS-1202A　#12亮綠色1×100至120cm／イ）1組
・單圈　直徑7mm×2個
・紙繩　適量

○尺寸
　W21 ×H13.5 cm
○原寸紙型
　A面［08］　1 親口金包袋身
　　　　　　2 子口金包袋身

各部件紙型＆裁布圖

範圍請在背面燙貼單膠布襯。

直接裁剪。
袋口側
親口金包袋身
（表布・裡布各2片）

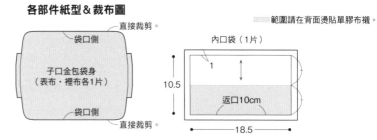

直接裁剪。
袋口側
子口金包袋身
（表布・裡布各1片）
袋口側
直接裁剪。

內口袋（1片）
1
10.5
返口10cm
18.5

1 製作親口金包。

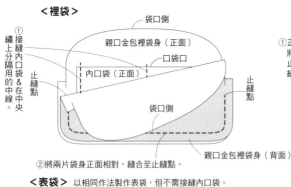

＜裡袋＞
①接縫內口袋＆在中央繡上分隔用的中線。
袋口側
親口金包裡袋身（正面）
口袋口
內口袋（正面）
止縫點
止縫點
袋口側
親口金包裡袋身（背面）
②將兩片袋身正面相對，縫合至止縫點。

＜表袋＞ 以相同作法製作表袋，但不需接縫內口袋。

↓

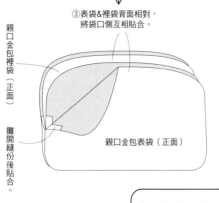

③表袋&裡袋背面相對，將袋口側互相貼合。
親口金包裡袋（正面）
攤開縫份後貼合。
親口金包表袋（正面）

2 製作子口金包。

＜表袋＞
①正面相對對摺，將兩脇邊縫合至止縫點，再攤開縫份。
袋口側
子口金包表袋身（正面）
止縫點
止縫點
子口金包表袋身（背面）
剪牙口。
摺雙
剪牙口。

＜裡袋＞ 以相同作法製作裡袋。

↓

②將表袋＆裡袋背面相對，袋口側互相貼合。
子口金包裡袋（正面）
子口金包表袋（正面）

3 組合。

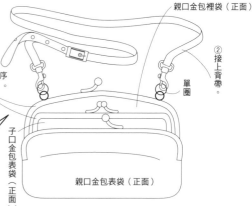

親口金包裡袋（正面）
②接上背帶。
單圈
①依親口金、子口金的順序裝接口金（參照P.46）。
子口金包表袋（正面）
親口金包表袋（正面）

鉤接單圈的理由
為了預防接在口金的掛耳因為太過用力而脫落，建議鉤接上單圈進行串連。

附有大型問號鉤＆容易開關的腰包，可以掛在腰間或大型包包＆後背包上，有多種應用方法。在此以宛如黑板塗鴉般的印花布料製作，並接縫上了方便的外口袋。

○材料
・表布（捲捲條紋花樣的牛津布／A）45×40cm
・裡布（條紋棉布）45×40cm
・單膠布襯（薄型不織布款）45×60cm
・口金（F23・N　12×5.4cm／ツ）
・問號鉤（H66・N　21×55mm／ツ）1個
・紙繩　適量

○尺寸
　W14×H18×D4cm
○原寸紙型
　A面［09］　1 袋身

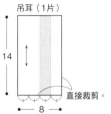

各部件紙型＆裁布圖

袋口側

袋身
（表布・裡布各2片）

直接裁剪。

外口袋（表布・裡布各1片）

1　口袋口
10
0.8　　0.8
1
18

範圍請在背面燙貼單膠布襯。

吊耳（1片）
14
8
直接裁剪。

---

1 製作外口袋。

①表布＆裡布正面相對，縫合口袋口＆袋底側。

口袋口
表布（正面）
外口袋裡布（正面）
0.2
外口袋表布（正面）
裡布（背面）
②翻回正面沿邊壓線。

2 製作吊耳。

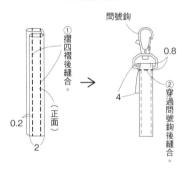

①摺四褶後縫合。
問號鉤
0.8
4
②穿過問號鉤後縫合。
0.2
正面
0.2
2

4 組合。

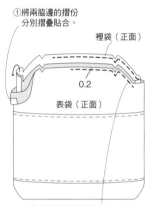

①將兩脇邊的摺份分別摺疊貼合。
裡袋（正面）
0.2
表袋（正面）
②表袋＆裡袋背面相對，縫合袋口側。

③作出摺痕（參照P.45）。
④裝接口金（參照P.46）。
表袋（正面）

---

3 縫製表袋＆裡袋。
＜表袋＞

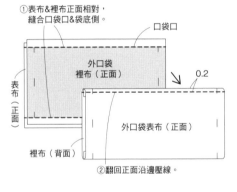

①將前片接縫上口袋。
脇邊暫時假縫固定
袋口側
表袋身前片（正面）
口袋口
外口袋表布（正面）
0.5
0.2

表袋身前片（正面）
表袋身後片（背面）
翻回正面
②兩片袋身正面相對，縫合兩斜邊＆袋底後攤開縫份。
③縫製側幅，並使縫份倒向上側。

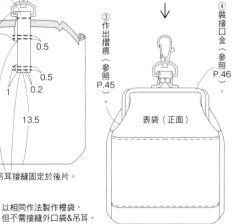

（後側）
吊耳（正面）
表袋身前片（背面）
4　0.5
0.5
表袋身後片（正面）
1　0.2
13.5
④將吊耳接縫固定於後片。

＜裡袋＞ 以相同作法製作裡袋，但不需接縫外口袋＆吊耳。

使用06以布環掛接提把的扁包（P.57）的多餘布料製作而成的小口金包吊飾，是硬幣大小的尺寸。因為不需縫合，僅需黏貼即可完成，推薦可以作為裝接口金的練習。

○尺寸　W 4 × H 4 cm
○原寸紙型　A面 [07]　1 袋身

○**材料**
・表布（立陶宛亞麻 迷彩印花布／I）6×9cm
・裡布（原色底點點印花布）6×9cm
・單膠布襯（薄型不織布款）12×9cm
・厚紙板　5×9cm
・口金（F16・N　4×3.9cm/ツ）
・雙圈　直徑8mm×1個
・錬條　12cm　・問號鉤　12mm×1個
・單圈　直徑7mm×2個　・紙繩　適量

各部件紙型
▨範圍請在背面燙貼單膠布襯。

袋身（表布・裡布・厚紙各1片）

直接裁剪。
袋口側
摺份
袋口側
直接裁剪。

厚紙板扣除兩脇邊的摺份，比紙型再往內縮1mm進行裁剪。

1 貼合表袋身＆裡袋身。

①在表袋身背面外圍塗上一圈0.5cm寬的黏著劑，並將厚紙板凹成U字形，自底部貼上布料＆內摺摺份貼合厚紙板。

②裡袋身也內摺摺份貼合，並在①的背面外圍塗一圈0.5cm寬的黏著劑，與表袋身背面相對，從底部開始貼合。

裡袋身（正面）
厚紙板
表袋身（正面）

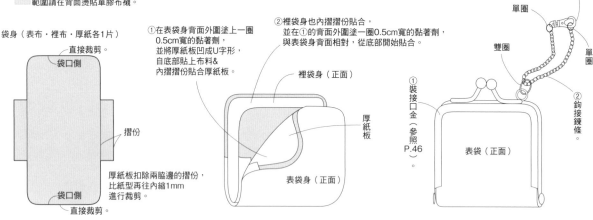

2 組合。

①裝接口金（參照P.46）。
②鉤接錬條。
問號鉤
單圈
雙圈
單圈
表袋（正面）

以12船形底側幅包（P.61）的多餘布料製作而成的豎長形口金吊飾，可作為護唇膏或印章袋使用。雖然要縫的部分不多，但因曲線弧度大＆尺寸小巧而更需要正確地製作。

○尺寸　W 4 × H 10 cm
○原寸紙型　A面 [11]　1 袋身

○**材料**
・表布（針葉樹花紋的棉質印花布／G）12×12cm
・裡布（點點印花布）12×12cm
・單膠布襯（薄質不織布款）12×24cm
・口金（F1・ATS　3.7×3.6cm/ツ）
・雙圈　直徑8mm×1個
・錬條　12cm　・問號鉤　12mm×1個
・單圈　直徑7mm×2個　・紙繩　適量

各部件紙型
▨範圍請在背面燙貼單膠布襯。

袋身（表布・裡布各2片）

直接裁剪。
袋口側

1 縫製表袋＆裡袋。

＜表袋＞
（正面）
袋口側
止縫點
止縫點
兩片袋身正面相對，縫合至止縫點。
表袋身（背面）

＜裡袋＞ 以相同作法製作裡袋。

2 組合。

②表袋＆裡袋背面相對，在距離袋口0.5cm處進行貼合。

①將兩脇邊的摺份分別內摺＆貼合。
裡袋（正面）
表袋（正面）

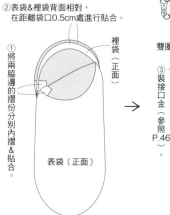

→

④鉤接錬條。
雙圈
③裝接口金（參照P.46）。
表袋（正面）

以針葉樹花紋的印花布料搭配木珠口金，提把＆船形底的側幅布料則使用森林草坪色調＆質感厚實的印度棉。搭配口金的調性，提把的五金也全部統一選用古典金。

○材料

- 表布（針葉書花紋的棉質印花布／G）65×25cm
- 表布（印度棉）25×45cm
- 裡布（點點印花布）90×40cm
- 單膠布襯（薄型不織布款）85×50cm
- 口金（18cm木珠口金・ATS　深咖啡色　18×8.5cm／ツ）
- 問號鉤　12mm×2個
- 單圈　直徑7mm×2個
- 紙繩　適量

○尺寸

W28 ×H22 ×D6 cm

○原寸紙型

A面［10］　1袋身、2側幅

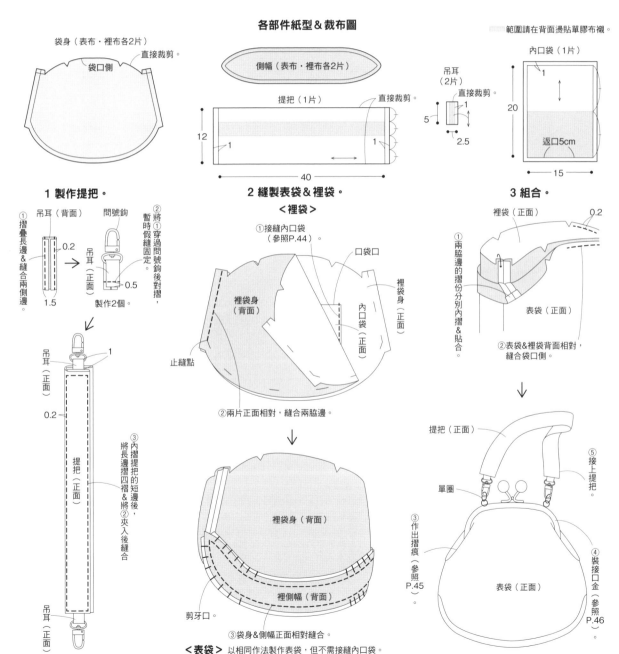

各部件紙型＆裁布圖

範圍請在背面燙貼單膠布襯。

袋身（表布・裡布各2片）

直接裁剪。

袋口側

側幅（表布・裡布各2片）

提把（1片）

直接裁剪。

12

1　1

40

吊耳（2片）

直接裁剪。

5　1

2.5

內口袋（1片）

1

20

返口5cm

15

1 製作提把。

① 摺疊長邊＆縫合兩側邊。

0.2

1.5

吊耳（背面）

問號鉤

② 將①穿過問號鉤後對摺，暫時假縫固定。

吊耳（正面）

0.5

製作2個。

吊耳（正面）

1

0.2

提把（正面）

③ 內摺提把的短邊後，將長邊提摺四褶＆將②夾入後縫合

吊耳（正面）

2 縫製表袋＆裡袋。

＜裡袋＞

① 接縫內口袋（參照P.44）。

口袋口

裡袋身（背面）

止縫點

內口袋（正面）

裡袋身（正面）

② 兩片正面相對，縫合兩脇邊。

裡袋身（背面）

裡側幅（背面）

剪牙口

③ 袋身＆側幅正面相對縫合。

＜表袋＞ 以相同作法製作表袋，但不需接縫內口袋。

3 組合。

裡袋（正面）　0.2

① 兩脇邊的摺份分別內摺＆貼合。

表袋（正面）

② 表袋＆裡袋背面相對，縫合袋口側。

提把（正面）

單圈

③ 作出摺痕（參照P.45）。

表袋（正面）

④ 裝接口金（參照P.46）。

⑤ 接上提把。

14 大珠頭圓溝口金の橫側幅抓皺包　Photo: P.17

點點花樣的刺繡布料與大珠釦口金相得益彰，縫合袋身＆側幅時夾入的斜裁布條則成為巧妙的點綴。圓溝口金因為溝槽較大，相當適合在袋口抓皺的設計。此作品的製作重點在於將布邊作出圓弧＆沿著溝槽內側塞入。

○尺寸
　W30 ×H21 ×D10 cm
○原寸紙型
　A面［14］　1袋身、2側幅

○材料
・表布（棉麻水洗刺繡布／H）50×50cm
・裡布（素色亞麻）70×50cm
・單膠布襯（薄型不織布款）95×50cm
・斜裁布條　90cm
・口金（CR-1760・ATS　18×9cm／ツ）
・附問號鉤鍊條（K109・AT
　　　　　　　　　7mm×40cm／ツ）
・單圈　直徑7mm×2個
・紙繩　適量

各部件紙型＆裁布圖

範圍請在背面燙貼單膠布襯。

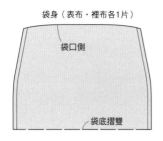

袋身（表布・裡布各1片）

側幅（表布・裡布各2片）

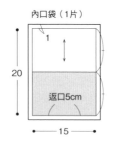

內口袋（1片）

1 縫製表袋＆裡袋。

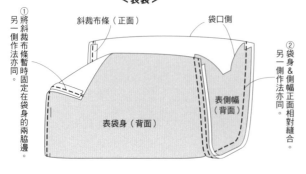

2 整理袋口側。

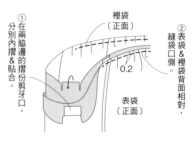

3 接上鍊條提把，完成組合。

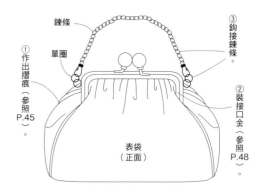

16　接縫大小口金包の兩用後背包　Photo: P.19

由於大口金附有掛耳，肩背帶的鉤拆使用相當方便。可以當作後背包也能作為斜背包使用。小口金則依一般波奇包作法製作，再裝上口金＆將完成的口金包接縫在大包當作口袋。若不縫上小口金包，也可以當作小錢包使用。

○尺寸
　W35×H29cm／W16×H12cm
○原寸紙型
　B面［16］　1 大口金袋身、2小口金袋身

○材料
・表布（舊牛仔風葛城布・點點刺繡／H）
　60×95cm
・裡布（芥末黃素色布）55×55cm
・單膠布襯（薄型不織布款）85×90cm
・口金（F41・ATS　24×9cm
　　　　F8・ATS　12×5.4cm／ツ）各1個
・D型環（M34・AT　25mm／ツ）2個
・問號鉤（H15・AT　25mm／ツ）2個
・日型環（J57・AT　25mm／ツ）2個
・紙繩　適量

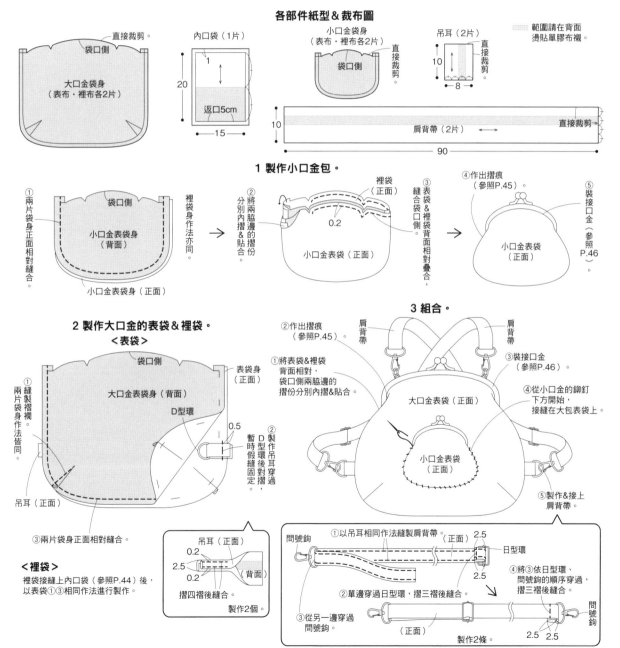

各部件紙型＆裁布圖

直接裁剪。
袋口側
大口金袋身
（表布・裡布各2片）

內口袋（1片）
1
20
返口5cm
15

小口金袋身
（表布・裡布各2片）
袋口側
直接裁剪。

吊耳（2片）
10
8
直接裁剪。

範圍請在背面燙貼單膠布襯。

10
肩背帶（2片）
直接裁剪。
90

1 製作小口金包。

①兩片袋身正面相對縫合。
袋口側
小口金表袋身
（背面）
裡袋身作法亦同。
小口金表袋身（正面）

②將兩脇邊的摺份分別內摺＆貼合。

③表袋＆裡袋背面相對疊合，縫合袋口側。
裡袋（正面）
0.2
小口金表袋（正面）

④作出摺痕
（參照P.45）

⑤裝接口金
（參照P.46）
小口金表袋
（正面）

2 製作大口金的表袋＆裡袋。

＜表袋＞

①縫製褶襇。兩片袋身作法皆同。
袋口側
大口金表袋身（背面）
D型環
吊耳（正面）
③兩片袋身正面相對縫合。

表袋身（正面）
0.5
②製作吊耳穿過D型環後對摺，暫時假縫固定。

＜裡袋＞
裡袋接縫上內口袋（參照P.44）後，以表袋①③相同作法進行製作。

吊耳（正面）
0.2
2.5
0.2
（背面）
摺四褶後縫合。
製作2個。

3 組合。

②作出摺痕
（參照P.45）
肩背帶
肩背帶
③裝接口金
（參照P.46）。
①將表袋＆裡袋背面相對，袋口側兩脇邊的摺份分別內摺＆貼合。
大口金表袋（正面）
④從小口金的鉚釘下方開始，接縫在大包表袋上。
小口金表袋
（正面）
⑤製作＆接上肩背帶。

①以吊耳相同作法縫製肩背帶。
問號鉤
（正面）
2.5
日型環
2.5
②單邊穿過日型環，摺三褶後縫合。
③從另一邊穿過問號鉤。
（正面）
④將③依日型環、問號鉤的順序穿過，摺三褶後縫合。
問號鉤
2.5　2.5
製作2條。

63

15　雙口金口袋の兩用包　Photo: P.18

使用兩個相同的口金，製作兩側的口袋。口金的掛耳是能往下活動的款式，所以也可以將提把收到口袋裡。將側幅的雞眼釦鉤上肩背帶，當作斜背包使用也OK。刺子繡風格的布料則以橫紋、豎紋來拼接使用。

○尺寸
　W24 ×H19 ×D8 cm
○原寸紙型
　A面［15］　1 袋身、2 側幅、3 外口袋裡布

○材料
・表布（indigo刺子繡布／F）150×60cm
・裡布（棉麻格子布／F）100×50cm
・單膠布襯（薄型不織布款）55×150cm
・口金（F38・N　24×9cm／ツ）2個
・問號鉤（H32・N　21×38mm／ツ）6個
・日型環（J56・N　21mm／ツ）1個
・雙面雞眼釦　25號（內徑10mm）2組
・紙繩　適量

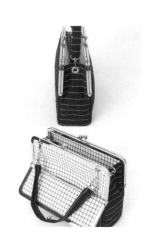

各部件紙型&裁布圖

範圍請在背面燙貼單膠布襯。

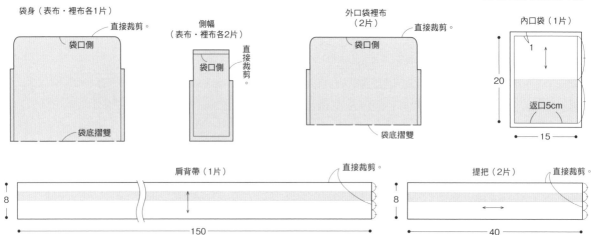

袋身（表布・裡布各1片）　直接裁剪。
袋口側
袋底摺雙

側幅（表布・裡布各2片）
袋口側
直接裁剪。

外口袋裡布（2片）　直接裁剪。
袋口側
袋底摺雙

內口袋（1片）
20
15
1
返口5cm

肩背帶（1片）　直接裁剪。
8
150

提把（2片）　直接裁剪。
8
40

1 製作提把。

①摺四褶後縫合。
2
（正面）
（背面）

②兩端穿過問號鉤，摺三褶後縫合。
2
問號鉤
2
（正面）
日型環
製作2條。

2 製作肩背帶。

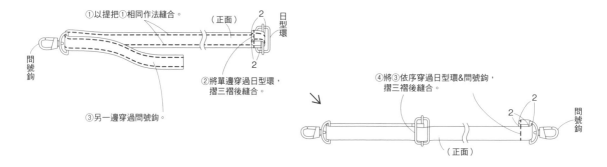

①以提把①相同作法縫合。
（正面）
2
日型環
2
問號鉤
②將單邊穿過日型環，摺三褶後縫合。
③另一邊穿過問號鉤。

④將③依序穿過日型環&問號鉤，摺三褶後縫合。
2
2
問號鉤
（正面）

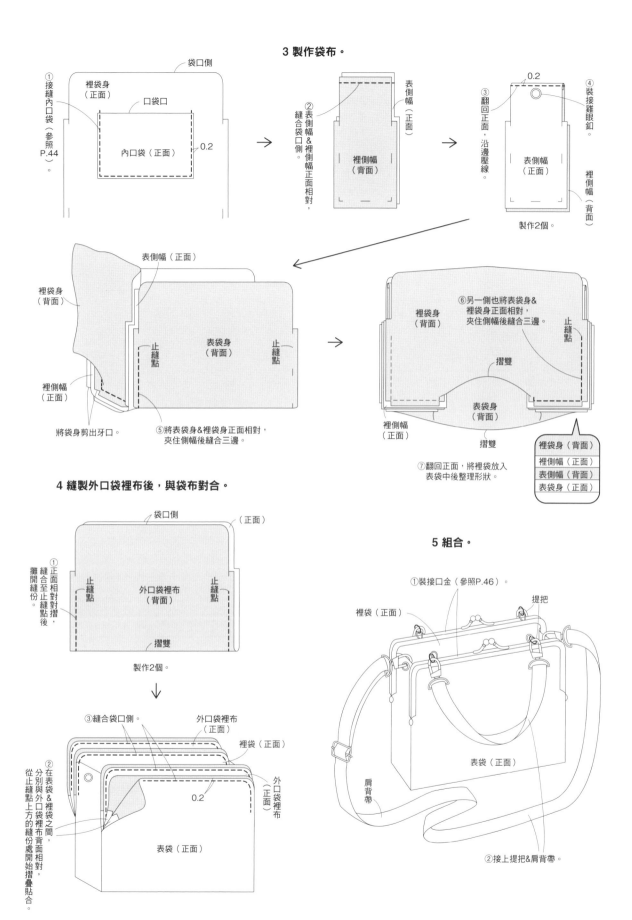

3 製作袋布。

①接縫內口袋（參照P.44）。

裡袋身（正面）

袋口側

口袋口

內口袋（正面）

0.2

②表側幅＆裡側幅正面相對，縫合袋口側。

裡側幅（背面）

表側幅（正面）

③翻回正面，沿邊壓線。

0.2

④裝接雞眼釦。

表側幅（正面）

裡側幅（背面）

製作2個。

裡袋身（背面）

表側幅（正面）

裡側幅（正面）

將袋身剪出牙口。

止縫點

表袋身（背面）

止縫點

⑤將表袋身＆裡袋身正面相對，夾住側幅後縫合三邊。

裡袋身（背面）

⑥另一側也將表袋身＆裡袋身正面相對，夾住側幅後縫合三邊。

止縫點

摺雙

表袋身（背面）

裡側幅（正面）

摺雙

⑦翻回正面，將裡袋放入表袋中後整理形狀。

| 裡袋身（背面） |
| 裡側幅（正面） |
| 表側幅（背面） |
| 表袋身（正面） |

4 縫製外口袋裡布後，與袋布對合。

袋口側

（正面）

止縫點

外口袋裡布（背面）

止縫點

①正面相對對摺，縫合至止縫點後，攤開縫份。

摺雙

製作2個。

③縫合袋口側。

外口袋裡布（正面）

裡袋（正面）

外口袋裡布（正面）

0.2

②在表袋＆裡袋之間，分別與外口袋裡布的背面相對，從止縫點上方的縫份處開始摺疊貼合。

表袋（正面）

5 組合。

①裝接口金（參照P.46）。

裡袋（正面）

提把

表袋（正面）

肩背帶

②接上提把＆肩背帶。

在此使用大珠頭圓溝口金的圓弧款，布料的點點圖案則是牛仔布的鉤織花樣。為了能夠方便使用，在背後加上附有拉鍊的隱藏式口袋。以表布相同的布料製作而成的肩背帶使用了日型環＆問號鉤，因此能夠自由地調節長度。

○尺寸
　W38×H26cm
○原寸紙型
　A面［13］　1袋身

○材料
・表布（黑底點點牛仔布）150×55cm
・裡布（藍條紋粗棉布）65×85cm
・單膠布襯（薄型不織布款）85×105cm
・口金（CR-7429・NS　28×12cm／ツ）
・拉鍊　20cm×1條
・D型環　25mm×2個
・問號鉤　25mm×2個
・日型環　25mm×1個
・鉤織圓球　直徑20mm×1個
・單圈　直徑7mm×1個
・紙繩　適量

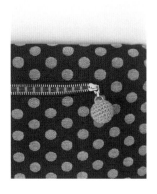

各部件紙型＆裁布圖

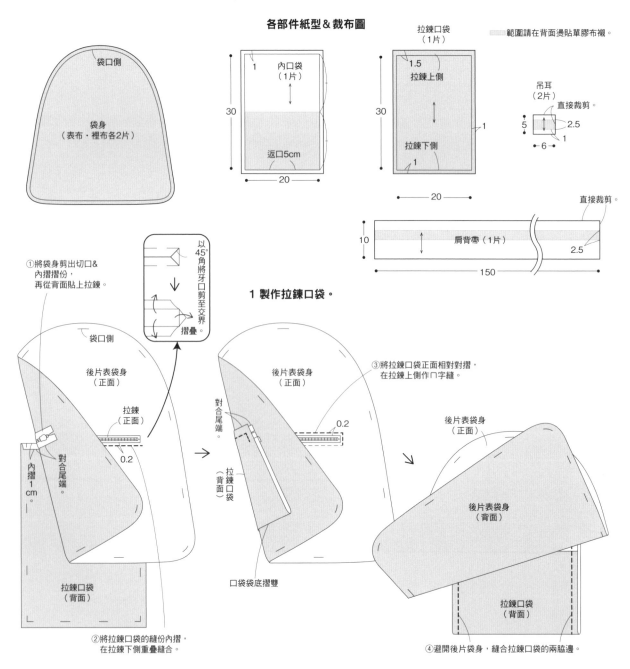

範圍請在背面燙貼單膠布襯。

袋口側

袋身
（表布・裡布各2片）

內口袋
（1片）
1
30
返口5cm
20

拉鍊口袋
（1片）
1.5
拉鍊上側
30
1
拉鍊下側
1
20

吊耳
（2片）
直接裁剪。
5
2.5
1
6

直接裁剪。
10
肩背帶（1片）
2.5
150

1 製作拉鍊口袋。

①將袋身剪出切口＆內摺摺份，再從背面貼上拉鍊。

以45°角將牙口剪至交界摺疊。

袋口側
後片表袋身（正面）
拉鍊（正面）
對合尾端。
內摺1cm。
0.2
拉鍊口袋（背面）

②將拉鍊口袋的縫份內摺，在拉鍊下側重疊縫合。

後片表袋身（正面）
對合尾端。
③將拉鍊口袋正面相對對摺，在拉鍊上側作口字縫。
0.2
拉鍊口袋（背面）
口袋袋底摺雙

後片表袋身（正面）
後片表袋身（背面）
拉鍊口袋（背面）
④避開後片袋身，縫合拉鍊口袋的兩脇邊。

2 製作表袋。

表袋身（正面）

吊耳（正面）
D型環

0.5

袋口側

1.5

止縫點

吊耳（正面）

①製作吊耳，穿過D形環後暫時假縫固定。

表袋身（背面）

②表袋身正面相對，縫合至止縫點。

（背面） 0.2

製作2個。

摺疊長邊後縫合。

3 製作裡袋。

袋口側

後片裡袋身（正面）

①接縫內口袋（參照P.44）。

口袋口

內口袋（正面）

止縫點

前片裡袋身（背面）

②前袋身&後袋身正面相對，縫合至止縫點。

4 組合。

裡袋（正面）

②表袋&裡袋背面相對，縫合袋口側。

0.2

①分別在表袋&裡袋的袋口側剪牙口，再攤開縫份後貼合。

剪牙口

表袋（正面）

剪牙口。

③裝接口金（參照P.48）。

單圈

肩背帶

④製作肩背帶，將D型環掛上問號鉤。

表袋後側（正面）

⑤將拉鍊頭接上鉤織圓球。

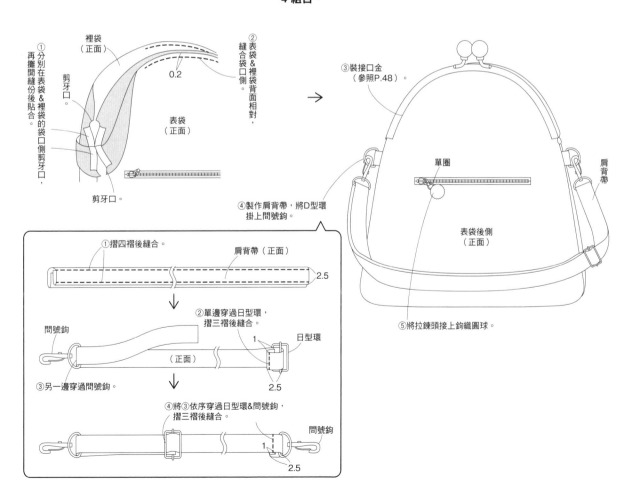

①摺四褶後縫合。

肩背帶（正面）

2.5

②單邊穿過日型環，摺三褶後縫合。

1

日型環

問號鉤

（正面）

③另一邊穿過問號鉤。

2.5

④將③依序穿過日型環&問號鉤，摺三褶後縫合。

問號鉤

1

2.5

67

從側面看去呈三角形的底側幅，是取自寶石圖案的靈感。由於壓克力口金沒有掛耳，因此夾入以表布製作的吊耳，斜鉤上不弱於口金分量感的粗塑膠鍊條。

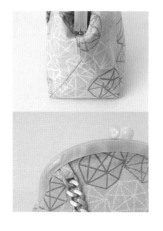

○材料
・表布（寶石圖案印花布／A）85×50cm
・裡布（灰色素色11號帆布）85×55cm
・單膠布襯（薄型不織布款）85×95cm
・口金（BD5578・大理石象牙白
　　　　　27×14cm／ツ）
・塑膠提把（BS-6528　2.8×65cm／イ）

○尺寸
　W38 ×H30 ×D13cm
○原寸紙型
　B面［17］　1 袋身、2 側幅

各部件紙型＆裁布圖

▨▨▨範圍請在背面燙貼單膠布襯。

袋身（表布・裡布各2片）　　直接裁剪。　　側幅（表布・裡布各1片）　　吊耳（2片）直接裁剪。　　內口袋（1片）

袋口側

8　6　20　15　返口5cm

1 縫製表袋＆裡袋。

＜裡袋＞

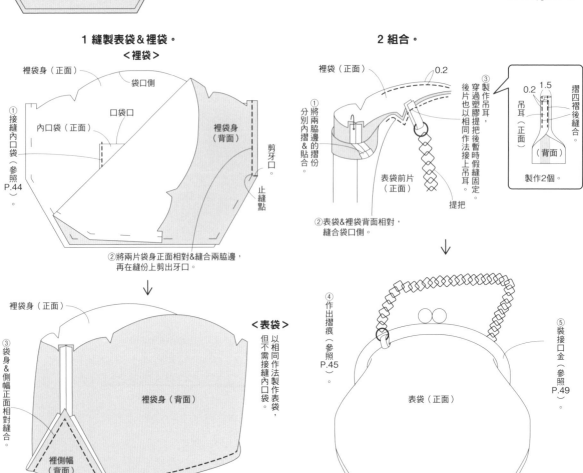

裡袋身（正面）　袋口側
①接縫內口袋（參照P.44）。
內口袋（正面）　口袋口
裡袋身（背面）
剪牙口
止縫點
②將兩片袋身正面相對＆縫合兩脇邊，再在縫份上剪出牙口。

裡袋身（正面）
③袋身＆側幅正面相對縫合。
裡袋身（背面）
裡側幅（背面）

＜表袋＞
以相同作法製作表袋，但不需接縫內口袋。

2 組合。

裡袋（正面）　0.2
①將兩脇邊的摺份分別內摺＆貼合
②表袋＆裡袋背面相對，縫合袋口側。
③製作吊耳，穿過塑膠提把後暫時假縫固定，後片也以相同作法接上吊耳。
表袋前片（正面）
提把

摺四褶後縫合。
0.2　1.5
吊耳（正面）
（背面）
製作2個。

④作出摺痕（參照P.45）。
⑤裝接口金（參照P.49）。
表袋（正面）

12 懷舊玳瑁色塑膠口金抓皺包　Photo: P.15

將懷舊的玳瑁色塑膠口金接上玳瑁色塑膠鍊
條。配合袋口抓皺的設計，建議以薄布料製作
比較容易。縫線如果拉得太緊，袋口會內縮至
口金內側，抓皺時請特別注意。

○尺寸　W30×H22cm
○原寸紙型　A面［12］　1袋身

○材料
・表布（Liberty印花細平布／J）40×50cm
・裡布（條紋棉布）60×50cm
・單膠布襯（薄型不織布款）80×60cm
・口金（A26・18×7.5cm／二）
・塑膠鍊條　70cm
・問號鉤（H1・AT　8×35mm／ツ）2個
・單圈　直徑7mm×4個　・紙繩　適量

各部件紙型＆裁布圖

▨ 範圍請在背面燙貼單膠布襯。

直接裁剪。

袋口側

袋身
（表布・裡布各2片）

口袋側

內口袋側

內口袋
（1片）

20

返口5cm

15

1 縫製表袋＆裡袋。

<裡袋>

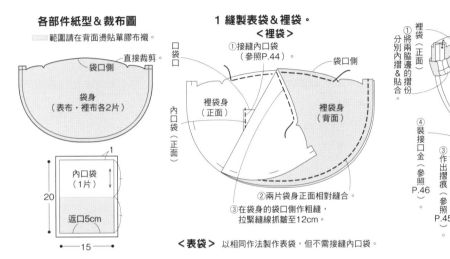

①接縫內口袋
（參照P.44）。

袋口側

裡袋身
（正面）

裡袋身
（背面）

②兩片袋身正面相對縫合。

③在袋身的袋口側作粗縫，
拉緊縫線抓皺至12cm。

<表袋> 以相同作法製作表袋，但不需接縫內口袋。

2 組合。

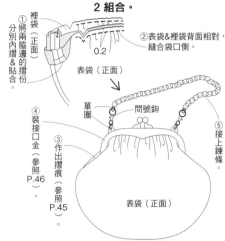

①裡袋（正面）分別內摺邊＆貼合的摺份。

②表袋＆裡袋背面相對，縫合袋口側。

0.2

表袋（正面）

④裝接口金（參照P.46）。

③作出摺痕（參照P.45）。

單圈　問號鉤

⑤接上鍊條

表袋（正面）

---

19 木框口金・接縫皮革提把の底側幅手提包　Photo: P.24

將兩片袋身以一片側幅縫合而成底側幅
包，並以Hickory條紋布的橫豎搭配營造
出方型的包體，搭配木框口金顏色選用
的皮質提把則是以麻繩手縫固定。

○尺寸　W24×H19×D8cm
○原寸紙型　B面［19］　1袋身、2側幅

○材料
・表布（Hickory條紋布）65×35cm
・裡布（素色亞麻布）80×35cm
・單膠布襯（薄型不織布款）65×70cm
・口金（WK-2301・#25焦茶　22.5×8.5cm／イ）
・真皮提把（BM-4317・#25焦茶　1.8×43cm／イ）
・麻繩　適量

各部件紙型＆裁布圖

▨ 範圍請在背面燙貼單膠布襯。

直接裁剪。

袋口側

袋身
（表布・裡布各2片）

側幅
（表布・裡布各1片）

袋口側

袋底摺雙

直接裁剪。

內口袋
（1片）

20

返口5cm

15

1 縫製表袋＆裡袋。

<裡袋>

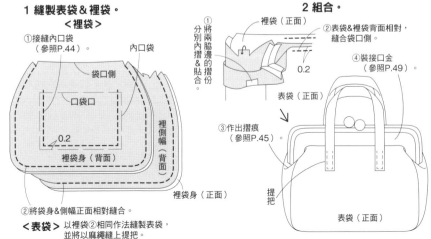

①接縫內口袋
（參照P.44）。

內口袋

袋口側

口袋口

0.2

裡袋身（背面）

裡側幅（背面）

②將袋身＆側幅正面相對縫合。

裡袋身（正面）

<表袋> 以裡袋②相同作法製作表袋，
並將以麻繩縫上提把。

2 組合。

①分別內摺兩脇邊摺邊＆貼合的摺份。

裡袋（正面）

②表袋＆裡袋背面相對，縫合袋口側。

0.2

表袋（正面）

④裝接口金（參照P.49）。

③作出摺痕（參照P.45）。

提把

表袋（正面）

18 壓克力口金・接連皮革提把の抓皺手提包　Photo: P.23

抓皺袋口&以一片布完成的簡單造型，並將以表布製作的吊耳夾入口金中，用來鉤掛質提把。搭配大理石花紋的口金，表布則使用黑白色調的印花布。

○材料
・表布（黑×灰・亂紋印花棉布／H）
　50×60cm
・裡布（白×灰・格子印花棉布）
　65×60cm
・單膠布襯（薄型不織布款）　90×65cm
・口金（BD5608・大理石黑　21×11cm／ツ）
・真皮提把（BM-3818・#26黑色
　　　　　　　0.5×38cm／イ）

○尺寸
　W36 ×H24 ×D5cm
○原寸紙型
　B面［18］　1 袋身

各部件紙型&裁布圖

▨ 範圍請在背面燙貼單膠布襯。

袋身（表布・裡布各1片）
直接裁剪。
袋口側
袋底摺雙

內口袋（1片）
1
20
返口5cm
15

吊耳（2片）
直接裁剪。
8
4

---

1 縫製表袋&裡袋。

＜裡袋＞

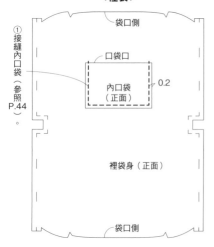

①接縫內口袋（參照P.44）。
袋口側
口袋口
內口袋（正面）
0.2
裡袋身（正面）
袋口側

↓

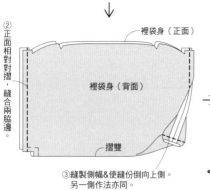

②正面相對對摺，縫合兩脇邊。
裡袋身（正面）
裡袋身（背面）
摺雙
③縫製側幅&使縫份倒向上側。另一側作法亦同。

④在袋口側作粗縫&拉緊縫線作抽褶。

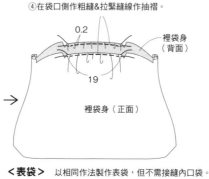

0.2
19
裡袋身（正面）
裡袋身（背面）

＜表袋＞ 以相同作法製作表袋，但不需接縫內口袋。

---

2 整理袋口側。

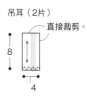

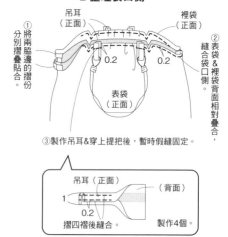

①將兩脇邊的摺份分別摺疊貼合。
吊耳（正面）
裡袋（正面）
0.2
0.2
②表袋&裡袋背面相對疊合，縫合袋口側。
表袋（正面）

③製作吊耳&穿上提把後，暫時假縫固定。

吊耳（正面）
（背面）
1
0.2
摺四褶後縫合。　製作4個。

---

3 組合。

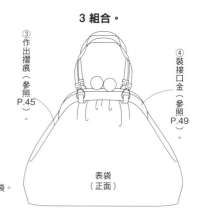

③作出摺痕（參照P.45）。
④裝接口金（參照P.49）。
表袋（正面）

70

20 木框口金‧簡單款橫長手拿包　Photo: P.25

在底部內抓造型的簡單手拿包。懷舊感的高布林織布與木框口金的質感非常搭配。使用這種大圖案的布料時，請先決定要呈現的圖案位置後再裁布。

○尺寸　W38 × H20 × D8 cm
○原寸紙型　B面［20］　1 袋身

○材料
‧表布（高布林織布／B）50×50cm
‧裡布（素色亞麻布）70×50cm
‧單膠布襯（薄型不織布款）100×60cm
‧口金（WK-3101‧#24茶色　31×9cm／イ）

各部件紙型＆裁布圖

▨ 範圍請在背面燙貼單膠布襯。
直接裁剪。

袋口側
袋身
（表布‧裡布各2片）
袋底摺雙

1
內口袋
（1片）
20
返口5cm
15

1 縫製表袋＆裡袋。

＜裡袋＞

口袋口

①接縫內口袋
（參照P.44）。

袋口側

裡袋身
（正面）

裡袋身（背面）

內口袋（正面）

摺雙

②正面相對對摺，縫合兩脇邊。

③縫合側幅，並使縫份倒向上側。

＜表袋＞ 以裡袋②③相同作法製作表袋。

2 組合。

①
分別內摺兩脇邊的摺份＆貼合。

裡袋（正面）

0.2

②表袋＆裡袋背面相對，縫合袋口側。

表袋（正面）

③作出摺痕（參照P.45）。

④裝接口金（參照P.49）。

表袋（正面）

---

22 固定釦口金の手拿包　Photo: P.27

以大尺寸的固定釦固定口金，作成橫長款的手拿包。推薦挑選不輸給口金的重量感＆存在感的結實布料進行製作。雖然與上一款包型類似，但由於表布花樣有上下方向性，因此需在在袋底進行拼接。

○尺寸　W43 × H25 × D8 cm
○原寸紙型　B面［22］　1 袋身

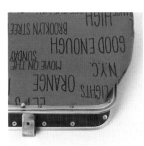

○材料
‧表布（8號印花帆布／D）60×65cm
‧裡布（黑底條紋布）75×65cm
‧單膠布襯（薄型不織布款）60×140cm
‧口金（固定釦固定36cm‧ATS　36×10cm／ツ）
‧固定釦　直徑7mm×16個

各部件紙型＆裁布圖

▨ 範圍請在背面燙貼單膠布襯。
直接裁剪。

袋口側
袋身
（表布‧裡布各2片）

1
內口袋
（1片）
20
返口5cm
15

1 縫製表袋＆裡袋。

＜裡袋＞

口袋口

①接縫內口袋
（參照P.44）。

袋口側
剪牙口

裡袋身
（正面）

內口袋（正面）

裡袋身
（背面）

②將兩片袋身正面相對，縫合兩脇邊＆袋底，再攤開縫份。

③縫製側幅，並使縫份倒向上側。

＜表袋＞ 以裡袋②③相同作法製作表袋。

2 組合。

①
分別內摺兩脇邊的摺份＆貼合。

裡袋（正面）

0.2

②表袋＆裡袋背面相對，縫合袋口側。

表袋（正面）

④裝接口金（參照P.48）。

③作出摺痕（參照P.45）。

表袋（正面）

洋溢著令人懷念的車掌包風格設計的固定釦口金。活用口金特有的氛圍，作出底側幅斜背包，並將施加了古著加工的8號帆布以斜裁布條包邊作為點綴。

○尺寸
　W30 ×H22 ×D8 cm
○原寸紙型
　B面［21］　1 袋身、2 側幅

○材料
・表布（古董帆布 #8100 血紅色／C）
　65×115cm
・裡布（紫色×原色・條紋布）55×75cm
・單膠布襯（薄型不織布款）80×110cm
・斜裁布條　370cm
・口金（固定釦口金24cm・NS　24×10cm／ツ）
・固定釦　直徑7mm×16個
・問號鉤　25mm×2個
・斜裁布條　370cm

各部件紙型＆裁布圖

░ 範圍請在背面燙貼單膠布襯。

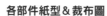

袋身
（表布・裡布各2片）
直接裁剪。
袋口側

側幅（表布・裡布各1片）
袋口側
直接裁剪。

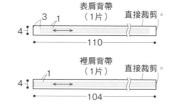

表肩背帶（1片）　直接裁剪
110
裡肩背帶（1片）　直接裁剪
104

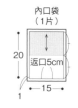

內口袋（1片）
20　返口5cm
15

1 製作肩背帶。

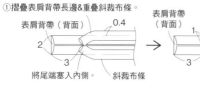

①摺疊表肩背帶長邊&重疊斜裁布條。
表肩背帶（背面）　0.4
將尾端塞入內側。　斜裁布條

②摺疊裡肩背帶長邊後，重疊縫合。
表肩背帶（背面）
裡肩背帶（正面）　斜裁布條

③穿過問號鉤，摺三褶後縫合。
問號鉤
另一側作法亦同。

2 製作表袋。

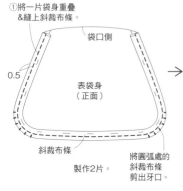

①將一片袋身重疊&縫上斜裁布條。
袋口側
0.5
表袋身（正面）
斜裁布條
製作2片。
將圓弧處的斜裁布條剪出牙口。

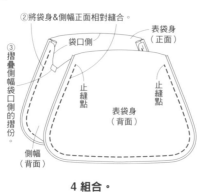

②將袋身&側幅正面相對縫合。
袋口側
表袋身（正面）
止縫點　止縫點
表袋身（背面）
側幅（背面）
③摺疊側幅袋口側的摺份。

3 製作裡袋。

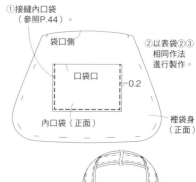

①接縫內口袋（參照P.44）。
袋口側
口袋口　0.2
內口袋（正面）　裡袋身（正面）
②以表袋②③相同作法進行製作。

4 組合。

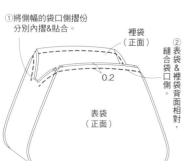

①將側幅的袋口側摺份分別內摺&貼合。
裡袋（正面）
0.2
表袋（正面）
②縫合袋口側。表袋&裡袋背面相對，

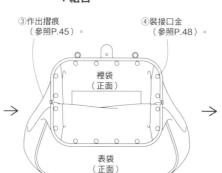

③作出摺痕（參照P.45）。
④裝接口金（參照P.48）。
裡袋（正面）
表袋（正面）

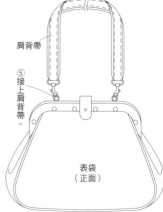

肩背帶
⑤接上肩背帶
表袋（正面）

使用手縫式口金時，也可以一邊穿縫珠珠一邊進行接縫。搭配在袋口側稍微抓皺的阿蘭花樣編織風布料&以人字紋羊毛布拼接而成的袋布氛圍，本作品挑選了紅色的木珠作為點綴。皮質的肩背帶也可以依個人喜好換成短提把。

○尺寸
　Ｗ30 ×Ｈ21 ×Ｄ8 cm
○原寸紙型
　B面［23］　1 上袋身、2 下袋身、3 裡袋身

○材料
・表布（阿蘭花樣的編織風布料／A）45×35cm
・表布（人字紋羊毛布）45×30cm
・裡布（亞麻色底紅色點點）60×60cm
・單膠布襯（薄型不織布款）85×65cm
・口金（BK-2162・AG　21×7.5cm／イ）
・木珠　直徑4mm×100個
・釣魚線　適量
・單圈　直徑7mm×2個
・真皮肩背帶（BS-1307・#21酒紅色
　　　　　　　0.9×110至130cm／イ）1條

各部件紙型＆裁布圖

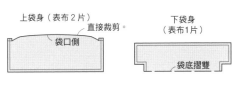
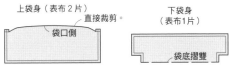

　　　　範圍請在背面燙貼單膠布襯。

1 製作表袋。

①將上袋身&下袋身正面相對縫合。

②攤開縫份。

③正面相對縫合兩脇邊&攤開縫份。

④縫製側幅，並使縫份倒向上側。

⑤以兩股線粗縫至袋口側的抓皺止縫點，拉線抽皺。

抓皺止縫點　0.3
0.5　上袋身（背面）

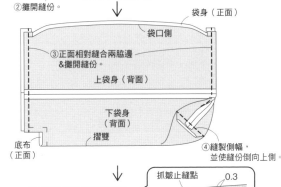

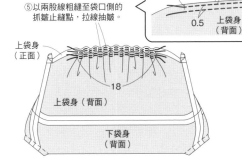

2 製作裡袋。

①接縫內口袋（參照P.44）。

口袋口

內口袋（正面）

裡袋身（正面）

②以表袋③至⑤相同作法進行製作。

3 組合。

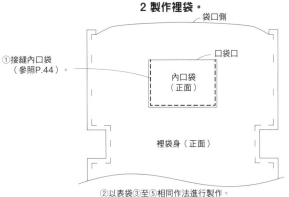

①將兩脇邊的摺份分別內摺&貼合。

②表袋&裡袋背面相對疊合，縫合袋口側。

裡袋（正面）

表袋（正面）

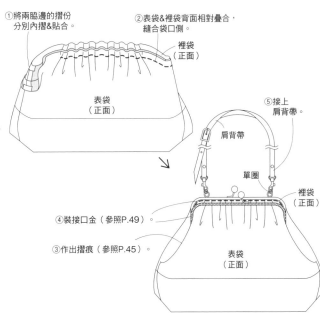

⑤接上肩背帶。

肩背帶

單圈

裡袋（正面）

④裝接口金（參照P.49）。

③作出摺痕（參照P.45）。

表袋（正面）

將袋身的袋口剪去一部分&將口布穿入口金後
直接當作提把使用，正是可以輕鬆開關的鋁框
口金獨有的作方。本作品由於側幅寬度較寬，
建議放入底板保持袋型，加上底板鉚釘則可預
防袋底布料磨損。

○尺寸
　W38 ×H24 ×D15 cm
○原寸紙型
　B面［25］　1 袋身

○材料
・表布（亞麻色底黑色印花棉麻布／H）
　75×65cm
・表布（亞麻牛仔布）45×15cm
・裡布（綠色亞麻布／I）75×65cm
・單膠布襯（薄型不織布款）110×80cm
・口金（鋁框款提把・半弧形・24cm
　　　　24×11cm／ツ）
・底板固定鉚釘　直徑20mm半圓×4組
・底板（塑膠板　1.5mm厚）38×15cm

各部件紙型&裁布圖

░░░ 範圍請在背面燙貼單膠布襯。

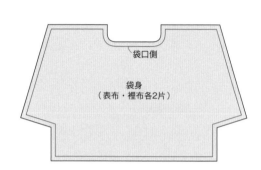

袋口側

袋身
（表布・裡布各2片）

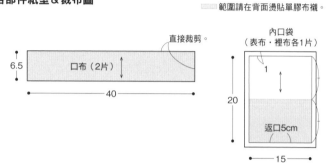

直接裁剪。

6.5

口布（2片）

40

內口袋
（表布・裡布各1片）

1

20

返口5cm

15

1 製作口布。

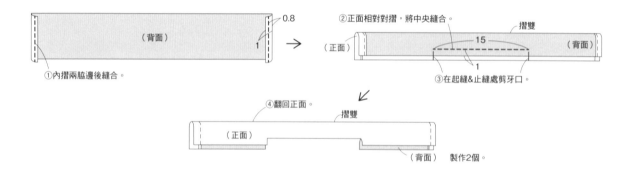

0.8

（背面）

1

①內摺兩脇邊後縫合。

②正面相對對摺，將中央縫合。

摺雙

（正面）　15　（背面）

1

③在起縫&止縫處剪牙口。

④翻回正面。

摺雙

（正面）　（背面）　製作2個。

2 接縫內口袋。

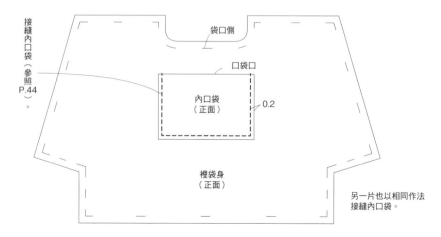

接縫內口袋（參照P.44）。

袋口側

口袋口

內口袋（正面）　0.2

裡袋身（正面）

另一片也以相同作法
接縫內口袋。

3 整理袋口側。

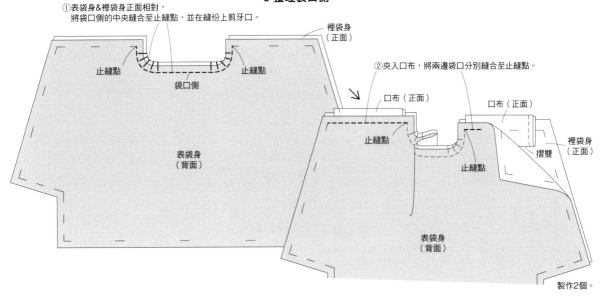

①表袋身&裡袋身正面相對，
　將袋口側的中央縫合至止縫點，並在縫份上剪牙口。

裡袋身（正面）

止縫點　袋口側　止縫點

②夾入口布，將兩邊袋口分別縫合至止縫點。

口布（正面）　口布（正面）

止縫點　止縫點　裡袋身（正面）

摺雙

表袋身（背面）

表袋身（背面）

製作2個。

4 組合。

裡袋身（正面）　①

裡袋身（背面）　①

返口

①表袋身&裡袋身各自正面相對合，縫合兩脇邊&袋底，裡袋身預留返口不縫。

表袋身（背面）

表袋身（正面）

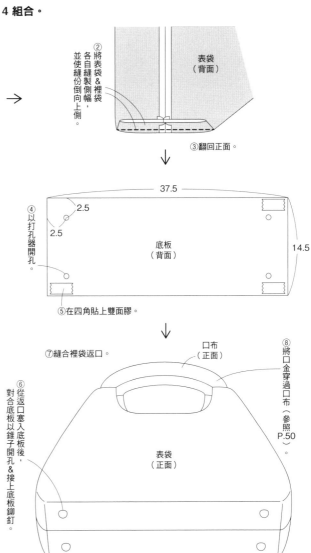

②將表袋&裡袋各自縫製側幅，並使縫份倒向上側。

表袋（背面）

③翻回正面。

④以打孔器開孔。

37.5

2.5

2.5

底板（背面）

14.5

⑤在四角貼上雙面膠。

⑥從返口塞入底板後，對合底板以錐子開孔&接上底板鉚釘。

⑦縫合裡袋返口。

口布（正面）

⑧將口金穿過口布（參照P.50）。

表袋（正面）

75

小旅行OK的波士頓包。鋁框口金能夠在袋口大開後維持打開狀態，容易整理行李也是它的一大魅力。外口袋接縫於從袋底吊掛的提把間，肩背的提把長度則可依自己的喜好調整。

○尺寸
　W45 ×H30 ×D18 cm
○原寸紙型
　B面［26］　1 袋身

○材料
・表布（灰色底的亞麻色棉麻印花布／H）
　85×65cm
・表布（棉麻帆布） 80×50cm
・裡布（斜紋棉布） 90×80cm
・單膠布襯（薄型不織布款） 75×120cm
・口金（鋁框款提把・半弧形・30cm
　30×11cm／ツ）
・四角環　20mm×4個
・底板固定鉚釘　直徑20mm半圓×4組
・底板（塑膠板 1.5mm厚） 45×18cm

各部件紙型＆裁布圖

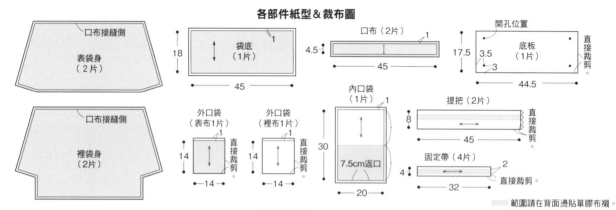

1 製作各部件。

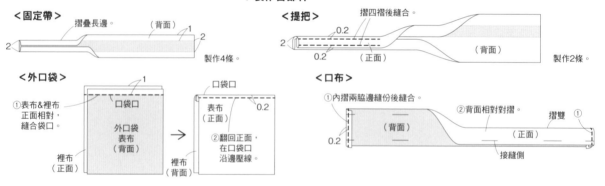

2 製作裡袋。

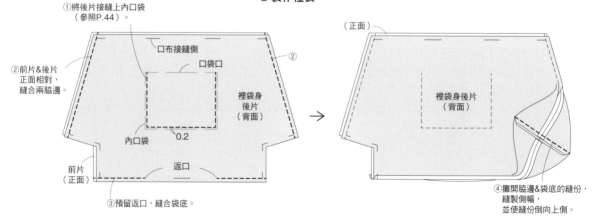

3 製作表袋。

①將表袋身前片重疊外口袋，暫時假縫固定。

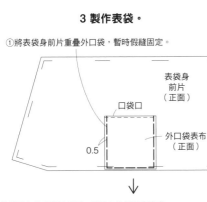

表袋身
前片
（正面）

口袋口

外口袋表布
（正面）

0.5

②將固定帶穿過四角環，重疊&接縫於表袋身。

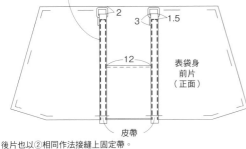

2

3　1.5

12

表袋身
前片
（正面）

皮帶

後片也以②相同作法接縫上固定帶。

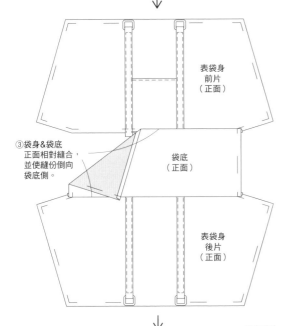

表袋身
前片
（正面）

③袋身&袋底
正面相對縫合，
並使縫份倒向
袋底側。

袋底
（正面）

表袋身
後片
（正面）

④正面相對縫合兩脇邊。

袋身前片
（正面）

④

袋身後片
（背面）

⑤攤開脇邊縫份，
縫製側幅，
並使縫份倒向上側。

袋底
（背面）

4 組合。

①表袋&裡袋正面相對，夾入口布後縫合。

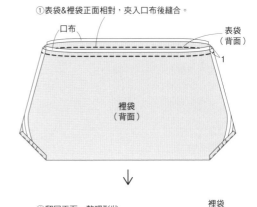

口布

表袋
（背面）

1

裡袋
（背面）

②翻回正面，整理形狀。

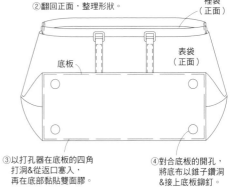

裡袋
（正面）

底板

表袋
（正面）

③以打孔器在底板的四角
打洞&從返口塞入，
再在底部黏貼雙面膠。

④對合底板的開孔，
將底布以錐子鑽洞
&接上底板鉚釘。

⑤將口金穿過口布（參照P.50）。

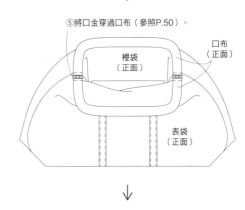

裡袋
（正面）

口布
（正面）

表袋
（正面）

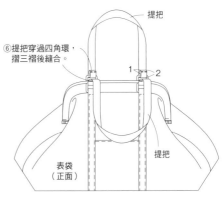

提把

⑥提把穿過四角環，
摺三褶後縫合。

1　2

提把

表袋
（正面）

24　鉤接鍊條の手縫口金宴會包　Photo: P.29

使用縫上亮片的伸縮性網布時，比起以黏著劑固定的塞入式口金，使用縫線的手縫式口金更能完成漂亮的成品。夾縫於下襬的珠飾流蘇&銀色鍊條令整體效果更加閃爍吸睛。裡布也使用帶有光澤的印度棉。

○材料
・表布（夢幻亮片／B）40×25cm
・裡布（印度棉布）30×40cm
・單膠布襯（薄型不織布款）35×50cm
・珠飾流蘇織帶　5cm寬×35cm
・口金（BK-1559・S　15×6cm／イ）
・麻繩　適量
・附問號鉤鍊條
　（K111・N　0.7×38cm／ツ）1條

○尺寸
　W15 ×H18 cm
○原寸紙型
　B面［24］　1 袋身

範圍請在背面燙貼單膠布襯。

各部件紙型&裁布圖

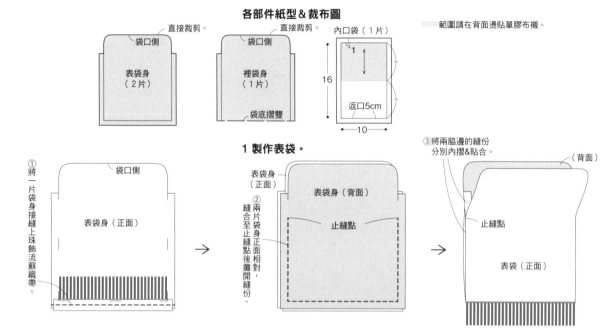

1 製作表袋。

2 製作裡袋。

① 接縫內口袋（參照P.44）。

② 正面相對對摺，縫合兩脇邊至止縫處，再攤開縫份。

③ 以表袋②③相同作法進行製作。

3 組合。

① 表袋&裡袋背面相對疊合，縫合袋口側。

② 裝接口金（參照P.49）。

③ 接上鍊條。

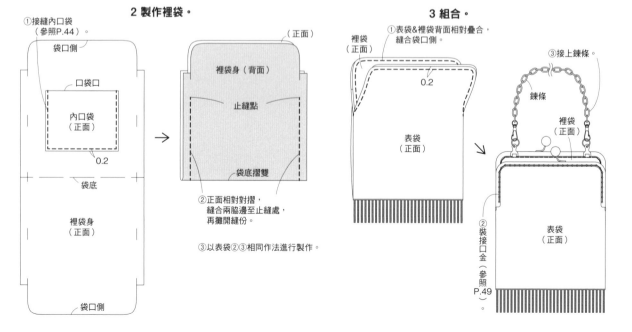

27 鋁框口金・作為波奇包也OKの皮革提把迷你包　Photo: P.34

和前兩件鋁框口金作品不同，在此使用了圓弧形的鋁框口金。將夾在口布，以裡布製作的小吊耳鉤接上提把就能當作迷你包包使用，拆掉提把則是波奇包適用的大小。口布&提把則以鮮明的色彩點綴出加分的效果。

○尺寸
　W22 ×H19 ×D8 cm
○原寸紙型
　B面［27］　1 袋身

○材料
・表布（黑底原色半圓花樣的印花棉布／D）
　70×25cm
・裡布（素色亞麻布／I）70×50cm
・單膠布襯（薄型不織布款）70×60cm
・口金（鋁框款提把・圓弧型・21cm
　　　　21×10cm／ツ）
・真皮提把
　（BM-3825A・#2紅色　1×38cm／イ）1組

各部件紙型&裁布圖

▨▨▨ 範圍請在背面燙貼單膠布襯。

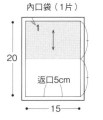

1 接縫吊耳&口布。

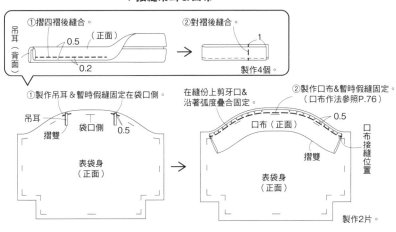

製作2片。

2 接縫內口袋。

3 組合。

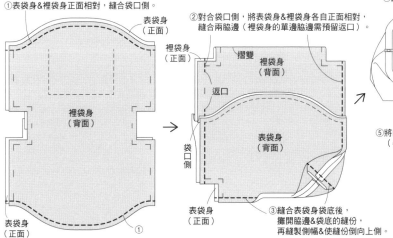

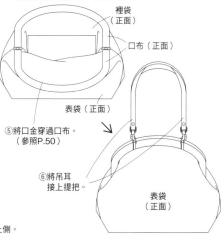

支架口金・作為拉鍊波奇包也OK の迷你肩背包　Photo: P.35

將拉鍊兩端的雞眼釦鉤上斜肩背帶的問號鉤，就能當作小斜背包，拆除斜肩背帶則可作為波奇包使用。袋裡有許多小口袋，也相當適合旅行時攜帶。

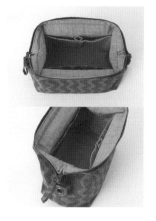

○材料

・表布（藍×卡其・波浪花樣印花綿布／H）
　55×60cm
・裡布（素色亞麻布）65×50cm
・單膠布襯（薄型不織布款）70×60cm
・口金（BK-1862　18×6cm／イ）
・拉鍊　3號35cm×1條
・雙面雞眼釦（#25・AT）2組
・亞麻織帶的肩背帶
　（YAT-1422 2×80至140cm／イ）1組

○尺寸

W16×H20×D10cm

除了特別指定之外，縫份皆為1cm。
▨ 範圍請在背面燙貼單膠布襯。

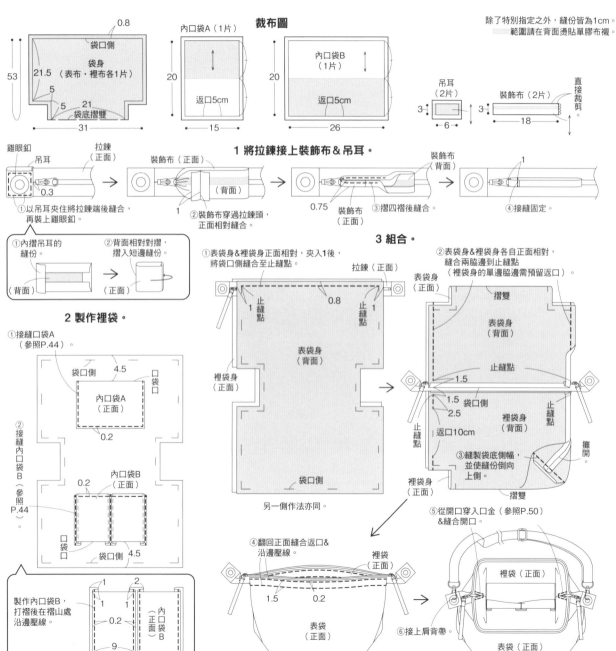

裁布圖

0.8
袋口側
袋身
21.5（表布・裡布各1片）
53
5
5　21
袋底摺雙
31

內口袋A（1片）
20
返口5cm
15

內口袋B（1片）
20
返口5cm
26

吊耳（2片）
3
6

裝飾布（2片）
3　　18
直接裁剪

1 將拉鍊接上裝飾布＆吊耳。

雞眼釦　吊耳　拉鍊（正面）
①以吊耳夾住將拉鍊端縫合後，再裝上雞眼釦。
0.3

裝飾布（正面）
②裝飾布穿過拉鍊頭，正面相對縫合。
1（背面）

裝飾布（背面）
0.75　裝飾布（正面）
③摺四褶後縫合。

裝飾布（背面）
1
④接縫固定。

①內摺吊耳的縫份。（背面）
②背面相對對摺，摺入短邊縫份。（正面）

2 製作裡袋。

①接縫口袋A（參照P.44）。

袋口側　4.5
內口袋A（正面）
口袋口
0.2

內口袋B（正面）
0.2
口袋口　袋口側　4.5

②接縫內口袋B（參照P.44）。

製作內口袋B，打褶後在摺山處沿邊壓線。
1　2
1　1
0.2
9
內口袋B正面

3 組合。

①表袋身＆裡袋身正面相對，夾入1後，將袋口側縫合至止縫點。

拉鍊（正面）
止縫點　0.8　止縫點
1
表袋身（背面）
裡袋身（正面）
袋口側
另一側作法亦同。

②表袋身＆裡袋身各自正面相對，縫合兩脇邊至止縫點（裡袋身的單邊脇邊需預留返口）。

表袋身（正面）
摺雙
表袋身（背面）
止縫點
1.5
1.5　袋口側
2.5
返口10cm
裡袋身（背面）
止縫點
③縫製袋底側幅，並使縫份倒向上側。
裡袋身（正面）
摺雙
攤開。

④翻回正面縫合返口＆沿邊壓線。
裡袋（正面）
1.5　0.2
表袋（正面）

⑤從開口穿入口金（參照P.50）＆縫合開口。
裡袋（正面）
⑥接上肩背帶。
表袋（正面）

以仿真印花布搭配上細格紋裡布＆皮質提把，
作出藤編提籃風的包包。雖然支架口金與拉鍊
的組合是第一直覺的搭配，但只要像這樣接上
固定釦，也可以不用縫上拉鍊喔！

○材料
・表布（提籃花樣牛津布／A）　105×55cm
・裡布（亞麻細格紋）　105×85cm
・單膠布襯（薄型不織布款）　110×120cm
・口金（BK-3061　30×7cm／イ）
・真皮提把（KM-57・#25焦茶
　　　　　　1.3×58至66cm／イ）1組
・麻繩　適量
・單釦（KA-5・#25焦茶　2.5×9cm／イ）1組
・底板（塑膠板　1.5mm厚）35.5×11.5cm
・紙繩　適量

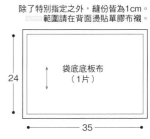

○尺寸
　W32 ×H35 ×D12cm

裁布圖

除了特別指定之外，縫份皆為1cm。
░ 範圍請在背面燙貼單膠布襯。

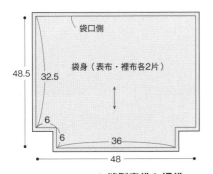

袋口側
袋身（表布・裡布各2片）
48.5　32.5
6
6　36
48

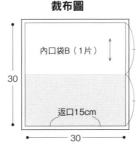

內口袋B（1片）
30
返口15cm
30

內口袋A
（1片）
30
返口10cm
20

袋底底板布
（1片）
24
35

1 縫製表袋＆裡袋。

<裡袋>

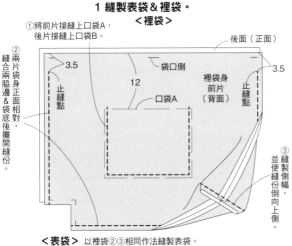

①將前片接縫上口袋A，
後片接縫上口袋B。

②兩片袋身正面相對，
縫合兩脇邊＆袋底後攤開縫份。

後面（正面）
袋口側
3.5　12　3.5
止縫點　止縫點
口袋A
裡袋身前片（背面）

③縫製側幅，並使縫份倒向上側。

<表袋>　以裡袋②③相同作法縫製表袋。

2 接上提把。

拆除提把的上半部，
以麻繩接縫下半部。
後片作法亦同。

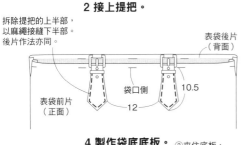

表袋後片（背面）
袋口側　10.5
表袋前片（正面）
12

4 製作袋底底板。

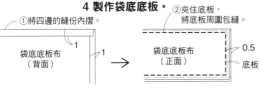

①將四邊的縫份內摺。
袋底底板布（背面）
1　1

②夾住底板，將底板周圍圈縫。
袋底底板布（正面）
0.5
底板

3 縫合表袋＆裡袋，完成組合。

袋口側　3.5
表袋後片（正面）

表袋後片（背面）
裡袋（正面）
（凹）　袋口側
①表袋＆裡袋背面相對，車縫出穿通口金的通道。
3.5　3.5
（凸）
表袋前片（正面）

②僅在表袋接縫單釦。

③將表袋＆裡袋的袋口側縫份內摺，在袋口沿邊壓線縫合。

⑤接縫提把上半部
裡袋（正面）
0.2
表袋（正面）

2.5　0.2
表袋（正面）

④穿入口金，將前、後片開口各自縫合（參照P.50）。

利用一片細幅布料完成的後背包。摺疊出口袋&縫上袋口拉鍊後，只要再摺出袋底側幅&縫合兩脇邊即可完成，實際製作比看起來還要簡單許多。肩背帶以亞麻織帶&五金製作，可以自由地調節長度。

○材料
・表布（直條紋棉布 LES TOILES DU SOLEIL／D）43cm寬×150cm
・口金（BK-2461　24×6.5cm／イ）
・拉鍊48cm×1條、30cm×1條
・亞麻織帶　30mm寬×180cm
・D型環　25mm×2個　・三角環　30mm×1個
・問號鉤　30mm×2個　・日型環　30mm×2個

○尺寸
W28 ×H40 ×D10 cm

裁布圖
全部直接裁剪。

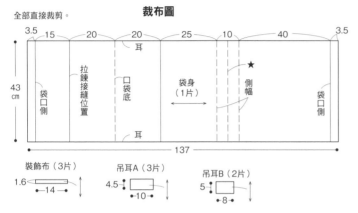

裝飾布（3片）　吊耳A（3片）　吊耳B（2片）
1.6　14　4.5　10　5　8

1 將30cm拉鍊進行處理備用。

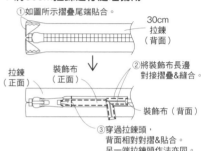

①如圖所示摺疊尾端貼合。
30cm拉鍊（背面）
拉鍊（正面）　裝飾布（正面）
②將裝飾布長邊對接摺疊&縫合。
裝飾布（背面）
③穿過拉鍊頭，背面相對對摺&貼合。另一端拉鍊頭作法亦同。

2 製作吊耳&肩背帶。

<脇邊的吊耳>
①內摺&縫合吊耳A的長邊。
吊耳A（背面）
1　0.2　2.5
吊耳A（正面）
D型環
②穿過D型環後摺四褶。
製作2個。

<中心的吊耳&肩背帶>
①將穿過日型環織帶（90cm）後縫合。
日型環
3　3　0.5

④以①相同作法縫合另一片吊耳A，穿過三角環後摺三摺。
②織帶尾端依序穿過問號鉤、日型環、三角環後縫合。
③以①相同作法進行製作。
吊耳A（正面）
三角環
問號鉤
亞麻織帶

3 製作口袋。
①將1的拉鍊拉開，與袋身正面相對縫合。
袋口側　袋身前片（正面）
18.5
0.7
拉鍊（背面）
0.5　6.5
②如圖所示摺疊袋身，將另一側的拉鍊&摺山對合縫合。
20
袋身（背面）
袋身（正面）

袋身前片（正面）
0.5
③閉合拉鍊，車縫固定兩脇邊的摺山。
袋身（正面）

4 組合。

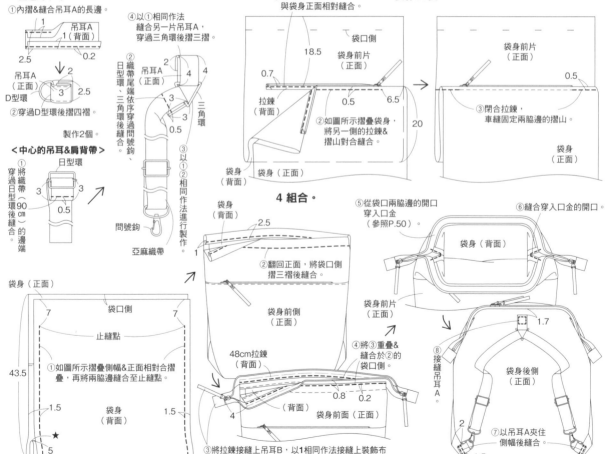

⑤從袋口兩脇邊的開口穿入口金（參照P.50）。
⑥縫合穿入口金的開口。
袋身（背面）

袋身（背面）
2.5
1
②翻回正面，將袋口側摺三褶後縫合。
袋身前側（正面）
48cm拉鍊（背面）
④將③重疊&縫合於②的袋口側。
袋身前片（正面）
0.8　0.2
（背面）
4
袋身前面（正面）
③將拉鍊接縫上吊耳B，以1相同作法接縫上裝飾布（吊耳B的接法參照P.80）。

袋身（正面）
7　袋口側　7
止縫點
43.5
①如圖所示摺疊側幅&正面相對合摺疊，再將兩脇邊縫合至止縫點
1.5　袋身（背面）　1.5
5

1.7
⑧接縫吊耳A。
袋身後側（正面）
⑦以吊耳A夾住側幅後縫合。
2
1.5

31 手挽口金・微抓皺の横側幅手提包 　Photo: P.38

以一片大長方形布料&兩片小長方形布料接縫
而成的橫側幅包，表袋為粗直條紋，裡袋則是
細條紋。由於本作品想要作出銳利感，因此只
需稍微抓皺一些些，再加上略有分量的鏈條當
作重點。

○尺寸

W22 ×H17 ×D13 cm

○材料

- ・表布（棉質粗條紋印花布）45×55cm
- ・裡布（棉質細條紋印花布）45×60cm
- ・單膠布襯（薄型不織布款）55×70cm
- ・口金（K518・N 18×9cm／ツ）
- ・附間號鉤鋁製鏈條
  （BK-50S 1.5×42cm／イ）

裁布圖

除了特別指定之外，縫份皆為1cm。
▨ 範圍請在背面燙貼單膠布襯。

袋身（表布・裡布各1片）

- 袋口側
- 袋底摺雙
- 49
- 22.5

側幅（表布・裡布各2片）

- 袋口側
- 13
- 13

內口袋（1片）

- 20
- 返口5cm
- 15

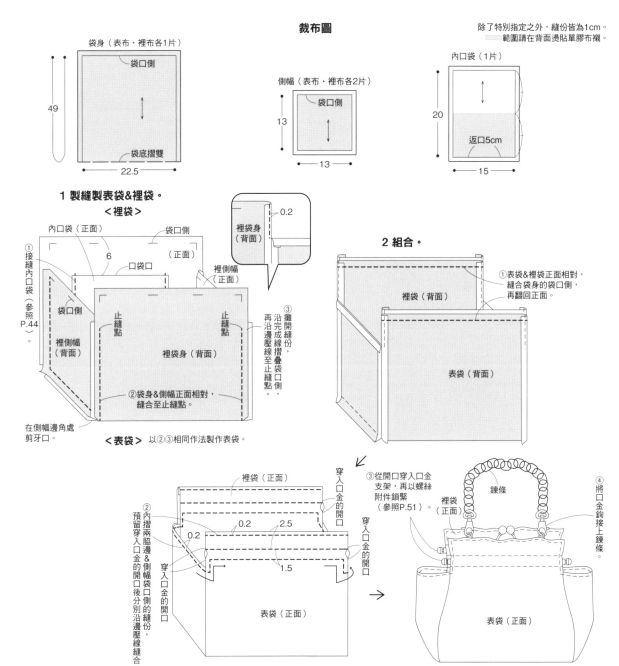

1 製縫製表袋&裡袋。

＜裡袋＞

0.2
裡袋身（背面）

- 內口袋（正面）
- 袋口側
- （正面）
- 6
- 口袋口
- 裡側幅（正面）
- ①接縫內口袋（參照P.44）。
- 袋口側
- 裡側幅（背面）
- 止縫點
- 止縫點
- 裡袋身（背面）
- ③攤開縫份，沿完成線摺疊袋口側，再沿邊壓線至止縫點。
- ②袋身&側幅正面相對，縫合至止縫點。
- 在側幅邊角處剪牙口。

＜表袋＞ 以②③相同作法製作表袋。

2 組合。

- ①表袋&裡袋正面相對，縫合袋身的袋口側，再翻回正面。
- 裡袋（背面）
- 表袋（背面）

- ②內摺兩脇邊＆側幅袋口側的縫份，預留穿入口金的開口後分別沿邊壓線縫合。
- 裡袋（正面）
- 穿入口金的開口
- 0.2
- 2.5
- 0.2
- 穿入口金的開口
- 1.5
- 穿入口金的開口
- 表袋（正面）

- ③從開口穿入口金支架，再以螺絲附件鎖緊（參照P.51）。
- 鍊條
- 裡袋（正面）
- ④將口金鉤接上鍊條。
- 表袋（正面）

從裡布拼接而成的口布如荷葉邊般，有著許多抓皺的包包。這款口金的優點在於只要穿過口金支架就能自然地產生皺褶。但若想作得漂亮，表布&裡布皆要選擇薄布料。提把則以簡單的鏈條穿過細長剪裁的表布，製作出獨特的設計感。

○尺寸

　W43 ×H23 ×D10 cm

○**材料**

・表布（Liberty印花細平布／J）60×60cm
・裡布（棉質細平布）60×100cm
・單膠布襯（薄型不織布款）60×145cm
・口金（F49・ATS　24cm山型手挽口金
　　　　24×11cm／ツ）
・附問號鉤鏈條
　（RWS1503・G　1.2×40cm／二）1條

裁布圖　　除了特別指定之外，縫份皆為1cm。　　　範圍請在背面燙貼單膠布襯。

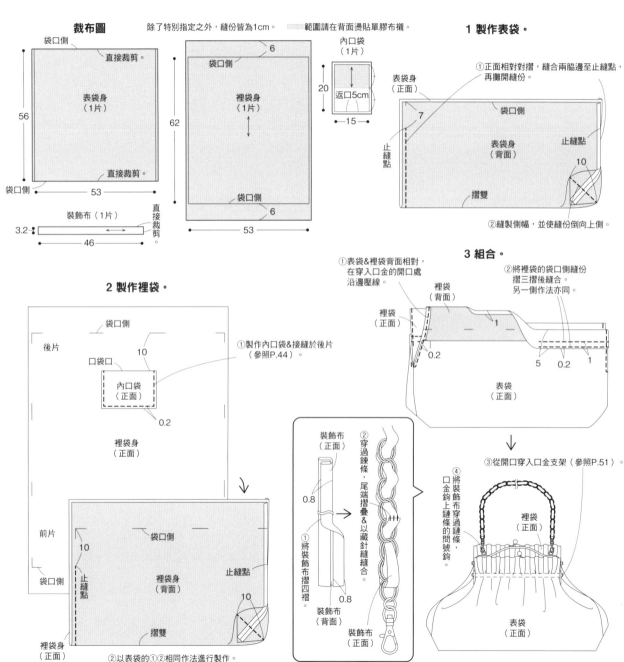

1 製作表袋。

①正面相對對摺，縫合兩脇邊至止縫點，再攤開縫份。

②縫製側幅，並使縫份倒向上側。

2 製作裡袋。

①製作內口袋&接縫於後片（參照P.44）。

②以表袋的①②相同作法進行製作。

3 組合。

①表袋&裡袋背面相對，在穿入口金的開口處沿邊壓線。

②將裡袋的袋口側縫份摺三摺後縫合。另一側作法亦同。

③從開口穿入口金支架（參照P.51）。

①將裝飾布摺四褶。

②穿過鍊條，尾端摺疊&以藏針縫縫合。

④口金鉤上鏈條的問號鉤。將裝飾布穿過鍊條，

紙片包風格的四角包。將肩背帶接上口金的掛耳就是豎長形的大尺寸包包，接上背面的D型環變成了橫長型波奇包，拆掉肩背帶則是簡便的手拿包。或以口金為芯，捲繞起來手拿也OK！

○尺寸

W40 ×H38 ×D9cm

○材料

・表布（11號帆布・格子印花／H）
　45×95cm
・裡布（棉質平織布）65×85cm
・單膠布襯（薄型不織布款）85×100cm
・口金　BK-3022　30×1.3cm／イ）
・真皮肩背帶（BS-1202A・#4卡其色
　　　　　　　1×100至120cm／イ）1組
・D型環　10mm×2個
・雙面固定釦　直徑5mm×2個

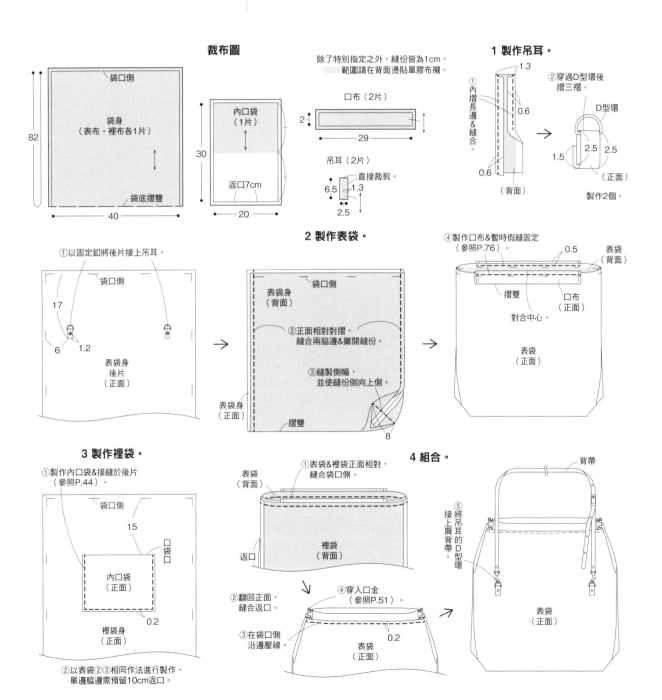

34・35 簧片口金・大小扁包組合　Photo: P.41

將簧片口金穿過從裡布接續縫製的口布，作成簡單的扁包套組。大包可以當作手拿包使用，或作為袋中袋也OK。小包則將口金掛耳鉤接上鏈條，因為是壓紋材質，當作手機袋也很放心。

○尺寸
< 3 4 > W 1 1 × H 1 8 c m
< 3 5 > W 2 6 × H 2 1 c m

○材料
< 34 >
・表布（Liberty印花布・壓紋／J）15×40cm
・裡布（素色亞麻布／I）15×45cm
・單膠布襯（薄型不織布款）15×40cm
・口金（JS-7112・G　12×1cm／二）
・附問號鉤鏈條（K111・G　0.7×38cm／ツ）
　1條
< 35 >
・表布（Liberty印花布・壓紋／J）30×45cm
・裡布（素色亞麻布／I）30×55cm
・單膠布襯（薄型不織布款）30×55cm
・口金（JS-8027・G　27×1.5cm／二）

〈34〉

裁布圖

除了特別指定之外，縫份皆為1cm。
▨ 範圍請在背面燙貼單膠布襯。

2.5

34　表袋身（1片）　袋口側　袋底摺雙　11

37　裡袋身（1片）　袋口側　袋底摺雙　11

1 縫製表袋&裡袋。

<裡袋>
以作品〈35〉的1相同作法進行製作。

裡袋身（正面）　袋口側　1.5　止縫點　1.5　止縫點　裡袋身（背面）　摺雙

<表袋> 以裡袋相同作法製作表袋（不作止縫）。

2 組合。

鍊條

①表袋&裡袋背面相對，縫合袋口側。
③將口金鉤接上鍊條。
②穿入口金（參照P.51）。

裡袋（正面）　0.2　表袋（正面）　→　表袋（正面）

〈35〉 **裁布圖**

除了特別指定之外，縫份皆為1cm。
▨ 範圍請在背面燙貼單膠布襯。

40　表袋身（1片）　袋口側　袋底摺雙　26

3

44　裡袋身（1片）　袋口側　袋底摺雙　26

1 縫製表袋&裡袋

<裡袋>
②攤開縫份，在穿入簧片口金的開口處沿邊壓線。

裡袋身（正面）　袋口側　止縫點　2　3　③內摺袋口側縫份　裡袋身（背面）

①正面相對對摺，將兩脇邊縫合至止縫點。

摺雙

<表袋> 以①③相同作法縫合表袋（不作止縫）。

2 組合。

①表袋&裡袋背面相對，縫合袋口側。

裡袋（正面）　表袋（正面）　0.2

②穿入口金（參照P.51）。

↙

表袋（正面）

86

36 立體駁腳口金・超迷你箱型提包　Photo: P.42

箱型口金能夠作出如提箱般的超迷你口金包。由於不需接縫，只要以黏著劑黏貼或作出摺痕即可完成，請以進行勞作般的感覺輕鬆地製作吧！在此使用附有問號鉤的肩背帶，因此也能掛在大包的提把上。

○尺寸
W 8.5 × H 5 × D 3cm

○原寸紙型
B面〔36〕　1 表袋身、2 裡袋身、3 表側幅
4 裡側幅、5 側幅內襯

○材料
- 表布（CAMPING-stary／G）30×30cm
- 裡布（素色亞麻布／I）20×15cm
- 單膠布襯（薄型不織布款）15×35cm
- 奇異襯（絲網狀）20×15cm
- 厚紙板　13×14cm
- 口金（F60・N　8.5×4.5cm／ツ）
- 問號鉤　9mm×1個
- 雙面固定釦　釦面直徑5mm×2組

各部件紙型＆裁布圖

　範圍請在背面燙貼單膠布襯。
　範圍請在背面燙貼奇異襯。

裡袋身・厚紙（各1片）

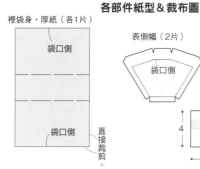

1 製作袋身。

②撕除①的隔離紙，貼上厚紙板。
①在表袋身背面燙貼奇異襯。
③裡袋身正面朝外重疊黏貼。

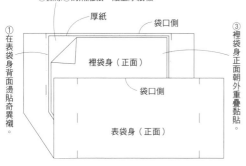

2 製作側幅。

①在表側幅背面貼上奇異襯，撕除隔離紙&貼上側幅內襯。
②裡側幅正面朝外重疊黏貼。
③將袋口側摺三褶後貼合。
④作出摺痕。製作2個。

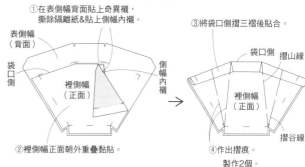

3 組合

①將側幅&袋身依袋底、脇邊的順序貼合。另一側作法亦同。
②另一側作法亦同。將表袋身塗膠處摺三摺後貼合。
③裝接口金（參照P.46）。
將紙繩壓入內側。
④製作提把。將提把一端穿過問號鉤，另一端穿過口金，摺三摺後以固定釦固定。
摺四褶後貼合。

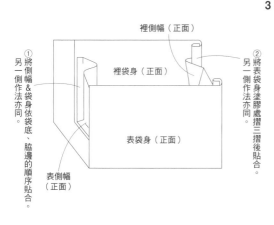
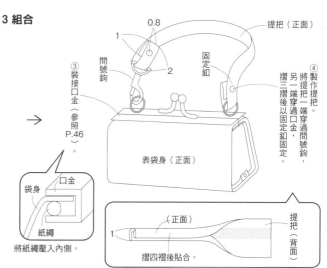

87

【Fun手作】119

好有型口金包製作研究書
一次典藏 36 款人氣魅力口金包

作　　者／越膳夕香
譯　　者／莊琇雲
發 行 人／詹慶和
總 編 輯／蔡麗玲
執行編輯／陳姿伶
編　　輯／蔡毓玲・劉蕙寧・黃璟安・李佳穎・李宛真
封面設計／韓欣恬
內頁排版／陳麗娜・周盈汝
內頁排版／造極
出 版 者／雅書堂文化事業有限公司
郵撥帳號／18225950　戶名：雅書堂文化事業有限公司
地　　址／新北市板橋區板新路206號3樓
網　　址／www.elegantbooks.com.tw
電子郵件／elegant.books@msa.hinet.net
電　　話／(02)8952-4078
傳　　真／(02)8952-4084

2017年9月初版一刷　定價 380 元

KUCHIGANEZUKAI NO BAG (NV70368)
Copyright ©YUKA KOSHIZEN / NIHON VOGUE-SHA 2016
All rights reserved.
Photographer：Shinobu Shimomura, Yukari Shirai, Noriaki Moriya
Original Japanese edition published in Japan by Nihon Vogue Co., Ltd.
Traditional Chinese translation rights arranged with Nihon Vogue Co., Ltd.
through Keio Cultural Enterprise Co., Ltd.
Traditional Chinese edition copyright © 2017 by Elegant Books Cultural
Enterprise Co., Ltd.

經銷／易可數位行銷股份有限公司
地址／新北市新店區寶橋路235巷6弄3號5樓
電話／(02)8911-0825
傳真／(02)8911-0801

國家圖書館出版品預行編目(CIP)資料

好有型口金包製作研究書 一次典藏36款人氣魅力口金包 / 越膳夕香
著；莊琇雲 譯.
-- 初版. -- 新北市：雅書堂文化, 2017.09
　面；　公分. -- (Fun手作；119)
　ISBN 978-986-302-376-0(平裝)

1.手提袋　2.手工藝

426.7　　　　　　　　　　　　　　　　　106010553

作者

Yuka Koshizen
越膳夕香

北海道旭川市出生。曾擔任女性雜誌編輯，而後成為手工藝作
家，於手工藝雜誌及書籍等發表布作小物、編織小物等作品。從
和服布料到皮革，運用的素材範圍極為廣泛。並開設了以喜歡
的素材製作進行自由創作手工藝教室「xixiang手工藝俱樂部」，
致力於將每日生活中使用到的物品，以製作出屬於自我樣式的
樂趣傳達給大家。著有《がまぐちの本》、《もっと、がまぐちの
本》、《布で作ろう、革で作ろう　わたしのお財布》（河出書房
新社）、《今日作って、明日使える　手縫いの革小物》（マイナビ
出版）等書。

http://www.xixiang.net/

Staff

攝　　影／下村しのぶ
　　　　　白井由香里・森谷則秋（作法流程）
書本設計／平木千草
作法解説／SHIOKO
紙型插圖／加山明子
校正協助／山本真弓
編　　輯／加藤みゆ紀

口金提供

※以下為口金廠牌，請對照作法說明頁材料處的片假名標示。

⑦ INAZUMA（植村）　http://www.inazuma.biz/
　京都府京都市上京区上長者町通黑門東入
ツ 角田商店　http://shop.towanny.com/
　東京都台東区鳥越2-14-10
ニ 日本紐釦　http://www.nippon-chuko.co.jp
　大阪府大阪市中央区南久宝寺町1-9-7

布料提供

※以下為布料廠牌，請對照作法說明頁材料處的英文字母。

A 大塚屋　http://otsukaya.co.jp
　愛知県名古屋市東区葵3-1-24
B オカダヤ新宿本店　http://www.okadaya-shop.jp/1
　東京都新宿区新宿3-23-17
C 川島商事　http://www.e-ktc.co.jp
D 株式會社グラムス（レ・トワール・デュ・ソレイユ）
　http://www.grams.co.jp/
E KOKKA　http://kokka-fabric.com/
F 高橋商店　http://takahashi-syouten.net
G デコレクションズ　http://decollections.co.jp/
H ノムラテーラー　http://www.nomura-tailor.co.jp/
I fabric bird　http://www.fabricbird.com/
J メルシー　http://www.merci-fabric.co.jp/

簡單俐落的塞入式口金特選！

新手ＯＫ的口金包最強工具書。
收錄各種造型包款＆功能設計，為你提供最豐富多樣的手作提案。

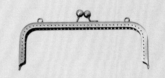